微·裝·潢

軟裝師不藏私的改造心法，
從預算、動線規劃到風格建立，及選物哲學

李佩芳 Carol Li／著

interior stylist

CHAPTER 2
自家風格：跳脫樣品屋的美學與設計

CHAPTER 3
案例分享 屬於他們的療癒空間

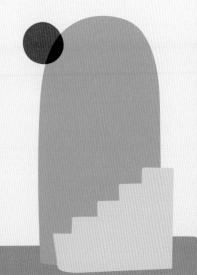

CHAPTER 4
Carol 的選物哲學

推薦序

　　對於喜歡陳列布置、想要一窺細節的讀者，這是一本絕佳的案例示範，一方面讓讀者能吸收豐富的知識，同時也被精緻的居家情境圖所療癒。Carol 在書中，將自己過去累積至今的美感經驗法則與大家無私分享！十分受用。

棲仙陳列事務所主理人 Lsy sophie

　　在我的心目中，Carol 老師是美感最強的專業軟裝師！她的作品總是令我驚嘆不已。不僅注重美觀，也兼顧實用跟使用動線，讓注重效率配置的我相當佩服。書中提到，人的美感和需求是會改變的，如何替未來的裝潢留後路，都是裝潢前需要先建立的重要觀念。

《財富自由的整理鍊金術》作者 · 整理鍊金術師 小印

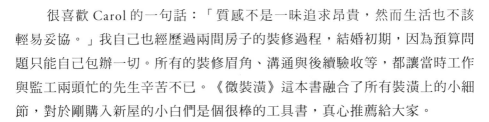

　　很喜歡 Carol 的一句話：「質感不是一昧追求昂貴，然而生活也不該輕易妥協。」我自己也經歷過兩間房子的裝修過程，結婚初期，因為預算問題只能自己包辦一切。所有的裝修眉角、溝通與後續驗收等，都讓當時工作與監工兩頭忙的先生辛苦不已。《微裝潢》這本書融合了所有裝潢上的小細節，對於剛購入新屋的小白們是個很棒的工具書，真心推薦給大家。

收納工程師 Peggys

　　Carol 是居家先生合作上的好夥伴，我們總是一起合作、提供客戶兼具美學跟實用的居家生活。而《微裝潢》這本書，以裝潢多寡、預算高低與風格濃淡的清晰概念，脈絡分明地幫助每個成家人梳理最頭疼的「室內裝潢」、「挑選家具」、「布置風格」這三個必經過程。所謂理想的家，不用急著一步到位，慢慢來可能會更好。即使預算有限，也能使用微裝潢的方法，打造出絕對不委屈、講究且有美感的家。

MR. LIVING 居家先生共同創辦人 Victor &Derrick

前言

2022 這一年，我終於買房了。用「終於」這個詞有兩個含義：一個是我「終於」在要與不要之間跨出那一步。以及我「終於」有經濟能力，梭哈一把。

身為軟裝師，我一直認為要成為出色的規劃者，除了天份、熱情、耐心以外，還必須具備豐厚的人生歷練，那是協助別人築夢的過程中，非常重要的支撐與養分。

剛出社會的頭幾年，雖然是個充滿理想情懷的年輕人，對於布置有著滿滿的靈感，但相較於平均大我十歲、二十歲，甚至年紀可以當我爸媽的客戶，面對經濟能力是我的雙倍、三倍或更多的情況下來說，一個初出茅廬的新鮮人，終究還是難以理解與想像，「已婚人士、有小孩或年長者的家庭」或「對生活品質有更高講究的人」來說，他們真正想要的與需要的，是什麼？我能夠協助的程度到哪裡？我所建議的內容對他們來說，會不會是華而不實的浪漫？

直到自己結了婚、也花了百萬裝修作為新房、後來還養了兩隻貓，很明顯的感受到，自己與不同年齡層客戶的距離越變越小。尤其

是有了孩子之後，更像是開啟外掛，許多過去不曾意識到的眉角都自然注入在我的想法中，看事情的觀點也變得不同。現在的我，對於正首次準備要迎接新生命的客戶，已可以滔滔不絕地提出建議，讓他們不要多走冤枉路，把錢花在刀口上，並破除許多不必要的迷思和不切實際的幻想；而對於有更高預算的客戶，也能一同去欣賞、挑選藝術品，交流更多「剛性需求」之外的夢想。

漸漸地，年齡與經歷讓我累積成為一個「過來人」，同溫層擴張的更大、眼界更廣、視野更開闊，與客戶一起提升、成長，有越來越多的共同生活經驗或是煩惱，所以更能將自己體驗到的**生活需要、想要與必要**，三者間的取捨落實在規劃之中。

現在買了新房，更能感受到光是為了第一筆頭期款就困擾不已的心情，四處找不到銀行貸款、買房過程中的各種攻防與諜對諜！辛苦與感觸，也成為了我經歷的一部分。這個環節讓我深切明白，所謂「有一間屬於自己名下房子」時的踏實感。

但也同時懂了：當你幾乎已經全盤付出、散盡存款後，又要再找

設計師、面對一筆小則數十萬、上至百萬的裝修費、與各種聽不懂的裝潢術語時，滿頭問號，那種「誰來幫幫我」的心情。許多我們以為理所當然的事，倘若沒有親自經歷過，還是很難真正站在同理思考，終究還是必須等到自己也走過一遭，才更能設身處地的著想。

不同狀態、不同年紀，就像平行時空般，有結婚沒結婚、有小孩沒小孩、有買房沒買房，都會讓你看待這個世界的眼睛有不同的風景。就像青少年總會覺得自己是個很成熟的大人，但我到了現在快要40歲，反倒覺得其實人生才剛剛開始，還有很多值得去開啟的世界，等待我們去探索。

李佩芳 Carol Li

照片提供「集品文創」

CHAPTER
1
認清需要、想要與必要
家的雛形，這樣塑造

從思考家中的各種配置開始，到與設計師、木工溝通前該知道的大小細節，一步步帶你建立正確觀念。

與家人共同生活的空間，以喜好為起點、結合便利性，一起灌入自己獨特風格，打造優雅又舒適的家。

01 勾勒夢想家的藍圖——
定義微裝潢的範疇。

　　買房不易，即使是租房也得慎選。然而，**無論房子大小，能住得舒服是基本，便於輕鬆打理才是真正的王道。**一個空間對人的磁場有非常關鍵的影響，很多時候只是有沒有意識到的差別。在我的童年成長背景中，與多數的台灣人一樣，並沒有太多關於「美學」方面的著墨，家具多半都是「堪用」即可，不會有太多關於如何優化、怎麼提升質感的念頭產生。

　　但實際上，空間狀態會影響一個人的心靈，甚至要說運勢都不誇張，畢竟是常年使用的環境，如果總是感到不自在而困擾，怎麼可能保持好心情呢？若不能好好的休息，又該如何為接下來的生活努力？

　　質感不是一昧追求昂貴，然而生活也不該輕易妥協，運用平價與高價的單品，揉合出細節與亮點的美感體驗是我一直以來的偏好。但「家，該是什麼樣子？」從來沒有標準答案。

　　唯有聆聽每一個需求，才能細細描繪出空間主人的輪廓，結合理性與感性，成為平衡理想與現實的天秤。所以，不論是首購、換屋或是租屋，都該好好重視住家品質，這都深深的關係著你的健康與能量。一個空間的樣貌，也像是一個人心理狀態的投射，藉由檢視空間

帶給你的感受,就像與自己的心不定期對話,我認為是相當重要的。

　　但是,當我們走在街道上,放眼所及的建築、招牌,就算是到了現在 2022 年,仍然存在著許多「暴力醜學」。**對於美所要求的程度到哪,源自於過去接收到的素材廣度為何。**現在很多人推崇日常的儀式感,是因為理解生活的層次是可以不斷提升的,但當然仍有一大群人對此無感、覺得這是多餘的。我想,這就單純看你如何理解這件事,不需強求,也沒有對錯。

　　從十多年前開始,出國變得容易、機會頻繁了,包含網路的資訊流通無國界,所以當我們看見別人、再回頭看自己時,才知道「喔!原來過日子可以有很多種方式」,「原來家具可以這樣配」、「牆壁

漆色還能這樣挑」，我們的感官受到很多新的刺激與啟發。慢慢的，也開始有更多關於家的想像與藍圖。

了解「微裝潢」的三大重點

何謂「微裝潢」？我提供三種理解的角度：微裝潢的「微」，指的可以是：1. 裝潢多寡 2. 預算高低 3. 風格濃淡。微裝潢字面的定義，以直覺來說，就是預算不高、硬體的裝修不多，且有較多留白的空間，適合年輕首購族或普羅大眾的經濟狀況。所謂「預算高低」，得先框出一個具體的數字作為依據。

▌ POINT ❶ 裝潢多寡

一旦用到「裝潢」一詞，具體是指牽涉到基礎工程，像是：油漆、水電、泥作、木工等，而非單純只有擺放家具、用品的做法。

所謂的「裝潢多寡」，以實際坪數落在 15 ～ 20 坪為例，其實「微裝潢」的屋主，也不一定全是因為預算低，有時是屋主個人的喜好，不愛過多裝潢介入，更偏好把重點放在家具、燈具以及自身的收藏。所以其挑選的家具、燈具也可能價格不菲，是經典的設計或材質、造型特別出眾優雅，讓這些物件成為空間的主要亮點。裝修部分只把「必要」的環節處理掉。例如，冷氣管線的包覆、電線插座的增設等。

▌ POINT ❷ 預算高低

15 ～ 20 坪的空間，以 100 萬為基準點含家具、家電、冷氣，150 ～ 200 萬屬於普遍預算、低於 100 萬屬於低預算。如果大家認

知的「微」是全屋 15 ～ 20 坪內，總預算在 30 ～ 50 萬以下或更低的數字，除了油漆、貼塑膠地板外，沒有其他工程，那就是偏向零裝修的「純軟裝布置」範疇，可以參考我的第一本書《室內軟裝師養成術》。小套房、學生族群或房東都相當適用，但在本書仍會依序分享，如何有邏輯的花每一分錢，因為軟裝與硬裝原本就是環環相扣，差別在於如何分配預算而已。

▌ POINT ❸ 風格濃淡

最後，「風格濃淡」用「微」來定義則是：**整體元素簡潔、配色不超過三種作為基調，但不一定只能是「極簡風」，仍然可以有很多的細節，例如：線板的勾勒、異材質的層次疊加，顏色用得少，不見得平淡單調。**

最經典的案例就是美國的社交名媛——金・卡戴珊（Kim Kardashian），她的房子不只一棟，而其中一間我特別喜歡的裝修就是：全室內採柔和的米白色為基礎，包含家具、擺設也是，再以部分色彩鮮明的藝術品點綴其中來襯托。甚至連車子的顏色都搭配了空間的裝潢，真的是發揮到極致。由於她家使用的材質涵蓋很廣，從特殊塗料、石材、木材、玻璃、金屬、織品等，加以搭配，所以畫面上雖然靜謐但不無趣，反而具有整合感又能體現到空間的巧思，不會覺得「做了太多裝潢」，但也不會顯得單薄、索然無味。

金・卡戴珊表示，這樣極簡的色調，會讓她回到家時，可以靜下來，讓忙碌的大腦得到真正的放鬆與休息。當然，金・卡戴珊的家絕對不是大眾的範本，那可是好幾億的成本，可以遠觀、可以參考，但不可褻玩。總結來說，「微裝潢」不是只有低預算才會「微裝

家中風格的色調呈
現，主要以三種為
主，如圖中的灰色
結合白色調，或近
年來相當流行且接
受度很高的大地色
調，都可歸類為
「微裝潢」的風格
當中。

照片提供「集品文創」

潢」，至少就有上述三種可能性，讓大家可以跳脫出框架思考。

　　不過，無論家具昂貴或平價、裝修比重多或少，若要住得舒適、
好用，前提就是家具的擺設方位、比例拿捏與機能完善才是重點，**好
的動線規劃是萬事的根本，是居家布置很重要的根基，也是這本書最
重點要跟大家做分析的一環。**

照片提供「集品文創」

02 裝潢不只是美化，而是建立一種生活方式。

　　在我開始有同居生活經驗以前，從來沒有意識到一個人的生活型態，能夠與另外一個人有多大的差別。也從來沒有感受過，原來我對生活的講究與在意是如此強烈。

　　所謂的「相愛容易相處難」，夫妻之間因為擠牙膏的習慣不同，或馬桶蓋有沒有掀起來這種芝麻小事而最後鬧到離婚，大家應該都有聽說過吧？以前我會覺得很誇張也很難想像。但當我正式建立自己的家庭後，越來越能夠體會，彼此生活習慣的不同，帶來的衝突與不快確實是無所不在。牙膏這件事，可以很簡單的「一人一條」不就好了嗎？是的，但有更多的事情，不是這麼輕易就能解決。

　　我們的舊家只有 14 坪，小兩房格局。或說根本只能算是一個大套房，整個空間，很難真正的區隔你我、互不干擾。先生和大部分的男性一樣，喜歡打電動消遣。這件事原也沒什麼大不了，但是，當一個空間無法有效隔音時，就成為一個潛在的大問題。因為愛打電動的人，通常一開始就是要五個小時起跳才能結束，敲擊鍵盤的聲音連續不斷，再加上連線遊戲很刺激，所以與戰友隔空叫囂嬉鬧也是常態。

偏偏我是個非常淺眠也不易入睡的人，長期下來真的腦神經衰弱，為此和先生大吵過好幾次。儘管他盡可能壓低音量、也換了無聲的滑鼠鍵盤，並控制一下時數不要玩到通宵，但我還是常常感到無法真正的休息。因而很想換房子，讓他和我可以有自己獨立的房間，才真的能做到：你不干擾我、我不干涉你，皆大歡喜。

這是我決定換房的第一個契機點。再來則是隨著小孩的出生，終究有一天她還是要有自己的房間。我觀察到現在她三歲了，早已經不再是只要吃、睡、換尿布就好，越來越需要更具細節的生活模式，培養未來的良好習慣。這也是建立人格發展、品味累積、素質養成的起跑點。

家的機能規劃，首先要改變「困擾你的生活模式」

以前沒有小孩，也是我跟先生工作特別忙碌的時候，幾乎都是外食居多。所以我們並沒有購買餐桌，實際上空間也容不下太多大家具。當初請木工做了一張大檯面多元使用，可以放兩台筆電同時工作、當然也可以用來簡單吃東西。但隨著時間慢慢過去，幾乎100%變成工作桌。

吃飯時，需要稍微把筆電推開，如果要認真吃一頓火鍋，就要收拾得更乾淨。其實這些對我來說都不算困擾，因為我們不是天天開伙，也不是三餐都在家吃。但漸漸的，我發現自己對「餐桌氛圍」這件事越來越在意，不喜歡窩在電視機前吃飯的感覺，也希望拉高親自下廚的頻率，為小孩準備更均衡的飲食、養成更好的用餐習慣，這些都是我尚未成為媽媽前所沒有過的念頭。

大檯面的桌子最後變成夫妻倆的工作桌，在這裡用餐的時間越來越少。

　　另外，先生也很習慣一回到家就開電視，儘管沒有看，但就是喜歡電視有聲音、畫面閃閃爍爍，就像以前我獨居租房時，也很喜歡打開電台，彷彿有人陪伴沒那麼孤單。每個人都有屬於自己的儀式感來作為回家的心情轉換，但偏偏先生這個隨手的動作，又造成我另一個困擾。畢竟我以居家辦公為主，多數時候他在外奔波一天，回到家開始要放鬆、打電動，我可能還在工作，所以會被打斷思緒或影響到工作品質。

　　同時，我也不希望小孩覺得，在家只能看電視而沒有其他消遣，這些點點滴滴的因素，都讓我深深感受到一個空間的規劃、隔間，會很自然的引導你如何使用，或如何「被影響」。

　　於是當我們開始看新房子時，我告訴女兒她即將擁有屬於自己的房間，分配好先生的電動遊戲間，我也有自己可以安靜工作或放鬆休息的區域，讓長久以來的嚮往終於實現，聽到女兒說很期待有自己的房間，還說很喜歡新家時，也讓我倍感踏實。

新家為女兒規劃的獨立房間，房間以她喜歡的粉紅色為基調，打造出屬於她自己的專屬空間。

新家有一個中島，完全可以想像未來和孩子一起做鬆餅的頻率會更高，還可以做更多不同的料理。因為坪數變大、又有了額外的房間，於是打開電視機便也不會成為先生一到家，就順手打開的動作，他的動線自然會往自己的遊戲間走，如此一來才能真正解決原本舊家辦不到的機能，品質自然而然能提升。

　　讀到這邊，想先問問大家「對家的期盼」是什麼？現在你「困擾的生活模式」有哪些？想徹底破除的又是什麼？好好的思考，才能對症下藥，找到屬於你與家人最和諧的生活方式。

03 若完全不裝潢，
只靠家具裝飾可行嗎？

　　這是我執業以來最常被問到的問題。如果今天只是一個 5 坪左右的小套房、小臥室，那麼重新粉刷，接著挑家具、窗簾，燈具換一換，加點植栽、織品、香氛，確實可以「完全不裝潢」就看起來很有氣氛。但隨著空間越大，**就越需要更多的對應去作為基礎，不然很容易顯得過於陽春。**

　　3 坪跟 30 坪的空間規畫概念、邏輯不會是相同的。所以是否可以零裝潢，首先要看的是空間大小，以及空間本身的狀態如何？以台灣的房子來說，要零裝潢就呈現質感或韻味，我認為還是有點奢求。

　　台灣建築的本體不像歐美的房子那樣，雖然並非所有歐美的建築都很美，但不可否認的是，他們確實保留更多的老建築，有著漂亮的窗戶、窗花、木結構，整體方方正正，沒有太多高高低低的樑干擾視線。地板也可能本身就是木質或鋪設整面的地毯，可說是先天基因就非常好，確實可以挑選好家具、燈具，略施脂粉就蠻不錯。相對來說，他們請設計公司來打理居家的頻率會比台灣低上許多。

從圖中可以發現歐美建築的優勢。大面
積且採光良好的漂亮窗戶、質感溫潤的
木頭地板，只要加入喜愛的家具與家飾
品，「家」的完成度相當的高。

照片提供「集品文創」

照片提供「集品文創」

　　而台灣的房子普遍看來，美感基因還是略顯不足，若想只以家具就撐起全場，比較容易顯得過於空洞，終究不能彌補建築本身的缺點。但我也理解，大家想要問的真正核心是：「如何以最少的錢，做到最大的效果？」畢竟大家要的成果：是「簡約」而不是「簡陋」。這就是本書要討論的核心，告訴你該如何分配比重、挑對東西。

一種裝潢到底可以撐多久時間不會膩？

不同階段的人生，欣賞的事物或是所需要的功能，都不會相同。從嬰幼兒、國小一路到大學生、出社會、結婚生子到邁向中晚年，一般來說，裝潢會以 6 ～ 8 年為一個單位來設定。

沒有什麼裝潢能夠一勞永逸，裝修一次就用一輩子。所以，試著先捨棄掉「希望這次裝修完就再也不用改變」這樣的想法，才能讓你更接近真實的裝修世界。不論是客廳、餐廳，到書房、遊戲間或臥室，幾乎每 5 到 7 年、最長 7 到 10 年，通常就會再次產生變化，才能因應使用者本身，因年齡改變而產生不同需求的狀況。

聽到這也不用感到驚慌，所謂的改變有大有小，並不是每一次的轉換，都要大動土木捲土重來。很多時候，可能只是家具方位的挪動、款式的替換或單純裝飾擺件的風格改變而已。接下來的章節中，根據不同的條件與需要，將提供各種不同的建議，關於書中分享的一切，不見得每件都完全貼近你的困擾與想要，但如果只是那麼一、兩句話能讓你有明確方向，也就值得了。

04 可以只請設計師出圖，另外發包施工、自己進行監工嗎？

接著，是我第二常收到的提問：「Carol 你們有幫人單純出設計圖、施工圖嗎？我們想要找統包施作，自己監工，會比較省。因為我們剛買完房，手頭現金不多。另外，也沒有真的想做什麼特殊的設計，就是簡單堪用就好。」或是說：「我們已找了設計師規劃與施工，但工班的部分，若要抽掉其中某一、兩個工種給親戚施作，會有更多折扣，這樣是否可行呢？」雖然聽起來有點像是潑冷水，但通常我會建議不要這樣安排。

情況一 找統包，甚至自己分頭發包、監工，單純請設計師出圖。

除非你的房子是新成屋或屋況良好，完全不需要變動格局，除了冷氣配管外，也沒有其他線路、消防灑水頭等要包覆，僅需設計一些系統櫃、粉刷油漆、替換燈具，建商附的拋光石英磚也都保留不動。在這樣超單純的條件下，確實可以親力親為尋找優質廠商施作，自己驗收，不需要設計師協助也沒有什麼大礙。現在的資訊都很透明，只要做些功課爬爬文，就會有很多經驗豐富的屋主分享與推薦店家。

　　如果你的工程內容除了上述以外，還牽涉到需要增減隔間、廚房或玄關的磁磚也想打掉換款式，浴室要全部拆掉重做再加裝些設備，廚房想要有個中島，順帶新增一些插座，還要添入地插，這樣冬天吃火鍋不需拉延長線比較方便。

　　以上這些聽起來，好像都是蠻常見、蠻合理的需求？但光上述內容若都要自己發包、監工的話，困難度就已經大幅提升很多。如果買的是中古屋或老屋，整個線路必須抽換、拆牆打壁、浴室重做，大門、氣密窗都要換掉，甚至格局要變動，千萬別開玩笑，這種事還是要請大家「閃開，交給專業的來吧！」

大家或許會好奇：「我不是都已經請設計師畫圖了，師傅不是就能『照圖施工』嗎？」對，理想是這樣沒錯，但實際情況根本沒有這麼單純。

你是否想過，如果像我們說的只要照圖施工那麼簡單，為什麼設計師還是要頻繁且審慎的去監工？不是都畫圖了嗎？師傅照做不就好了嗎？為什麼還要時常一大清早去跟師傅交代很多事情、時不時要確認現場有沒有突發狀況？以及為什麼裝潢爭議還是時有所聞，最後鬧上法庭的都有？

因為很多時候，在沒有設計師的輔助解說之下，師傅「不一定」真的可以完全理解設計師厚厚一大疊的圖；又或者是有些時候明明看了圖，但畢竟人不是機器，就是有可能會做錯、看漏，可是當下卻沒有發現。

圖面，是設計師思考、繪製出來的，所以他會是最敏銳的那個人，能即時發現事情有沒有照他的預期被執行。如果今天是你自己監工，你認為自己有信心比師傅更懂嗎？他都沒看懂的，你真的會看得懂嗎？

設計師監工的用意，是在第一時間與師傅核對，確保師傅完全知道自己在做些什麼。二來，當今天是舊翻新的狀況下，就算圖面都已經清清楚楚，但有非常多埋在天花板、地板或牆壁裡的管線，如同開

照片提供「STIMLIG」

獎一樣，直到拆除的那一刻，才能看到實際狀況。這時有一定的機率是：原來我家漏水、或可能有白蟻、或壁癌，又或是老舊的程度比想像的更糟，於是要處理的事情便會比原本預期的還要多。

突發情況發生時，備案是什麼？是否會超出原本預算？作法要如何調整？設計是否會因此整個翻盤？所有的問題都必須要能夠有應變能力去解決。

以上多半都不是沒有經驗的屋主可以自己面對、或獨自跟師傅討論的。實際上，師傅也不會幫你做任何決定，因為他沒有必要額外承擔這個責任。當然你也可能真的很幸運，整個裝潢過程完全沒有任何插曲。如果是這樣，就可以當作前面提到的狀況，都是自己嚇自己、杞人憂天。

一間房子從買下來，到真的可以順利住進去，過程中所要經歷的真的太多了！多到只有親自參與過一次，才知道多煩瑣。

順帶一提，為什麼我會選擇專職在軟裝設計而不是室內設計？除了是自己對於布置有更大的熱情之外，主要也是深知自己駕馭不了裝修世界的萬千個眉角，所以我相當佩服室內設計師。有時陪先生去跑工地，都會覺得：「天啊，裝潢

修繕的細節也太多、太煩。」燒腦程度真的會讓人失眠胸悶。因此，別認為找設計師很貴，這絕對是有對等價值的。除非找錯人，那就另當別論。

情況 二　把某幾個工種拆給親戚朋友來施工？

　　台灣人很熱情，當親戚聽到你買房子了，就會立刻舉手說：「誰誰誰可以幫你油漆、誰誰誰可以幫你貼磚、我認識誰誰誰木工做很好……」基於人情壓力，儘管找了設計師，但還是把工班分給一、兩個親戚處理，才不會「跟親戚難交代」。這樣的情況我跟先生以前也都遇過，但後來我們會很堅持的拒絕，因為這樣的風險很大。

　　以浴室改造這件事為例，對很多人而言，你的需求可能是：

1. 把原本醜醜的壁磚或地磚換掉。
2. 浴缸拆掉變乾溼分離。
3. 換一個不同樣式的浴缸，洗手台、馬桶換新。
4. 裝一個暖風乾燥機，這樣冬天洗澡就不會冷。

　　看起來都是很實際、不奢求的內容。我們來分析這個過程會經歷哪些問題呢？上述會出現的工種至少有：

1. 拆除。
2. 水電。
3. 泥作。
4. 木工＋油漆（天花板的包覆與修飾）。

　　當今天完工後，萬一就偏偏「運氣這麼好」，例如：漏水。你覺得會是哪一個環節出錯呢？根據經驗，每一個師傅都會拍胸脯跟你說：「我的部分沒問題！不是我出錯，一定是別人的沒做好。」這樣的情況，連名偵探柯南都難辦。

　　所以，**儘可能不要把自己認識的工班跟設計師的工班「混搭」使用**。就是為了預防萬一出狀況時，責任很難釐清，往往大家的信任感

與原本愉快的心情都會在此變調。只統一對設計師這個窗口，今天有什麼狀況發生，設計師就會自行與工班共同解決問題，因為他們是一個團隊。假設你硬要安排幾個自己另外找的人進來，就會讓情況複雜化、風險提高。

就算有的設計公司會選擇在合約上備註，哪些工種不屬於他的團隊，若有問題產生，請屋主自行負責。但當狀況真的發生時，其實對屋主、設計師或工班來說，最後都還是得面對，一樣需要花時間共同處理好。設計師難道真的可以擺爛說：「那是你自己找的師傅喔！」不行吧？他還是要收拾這個爛攤子，讓工程可以繼續下去，於是整體士氣就會受到很大的影響，每個人都會在內心產生：「早知如此……就……」的怨氣。

情況三　可是我沒有要做什麼「設計」啊！

最後，還有一個觀念非常重要，大家總會覺得：我沒有要做什麼「設計」，一定要找「設計師」嗎？跟找統包有什麼區別呢？設計師的費用就很貴。所謂的設計，並不是把空間弄的很絢麗，或是做了很前衛的造型就叫設計。而是能把原本空間中既有的畸零空間消弭掉、動線比例的流暢度、管道線路與樑柱的協調關係，巧妙的修飾後讓你生活在這個空間時，會感到非常符合機能又美觀、放鬆，這才是設計真正的本質。

越是看似簡單的東西，往往越需要功夫。也許有些人會以為不就是白白淨淨、方方正正的規劃，也沒有多複雜的設計，應該 30 萬就可以做得出來吧？其實它可能是花了 300 萬去雕琢，才能看起來「簡簡單單很舒服」。

關於裝修，有太多、太多的學問在其中。不僅要具備專業知識，還要有長久經驗累積，具邏輯的整合所有事情、安排先後順序之餘，還能與師傅順暢的溝通、有危機處理的能力，同時也要掌握屋主的每一個細膩小心情。

結論是：如果你能接受原本空間的既有條件與小缺點，只想要自己軟裝布置就完全沒問題。這會是個有趣的過程，或是單純輕裝修，刷刷牆壁、選個窗簾、貼個地板材，也是不錯的經驗。但如果是超過三種工班以上的大改造，若要自己發包、自己監工，真的要心臟夠大顆才行。但凡事總有例外，或許你真的很有天份也說不定呢！

OCT

MON	TUE	WED	THU	FRI	SAT	SUN
27 SEP	28 SEP	29 SEP	30 SEP			

SENDER:
CLOTH HOUSE
130 ROYAL COLLEGE STREET
LONDON NW1 0TA

HONEST

Love Is Enough
William Morris

照片提供「集品文創」

如果原本空間需要調整的幅度不大，採用簡單的軟裝布置，以風格
一致的掛飾或可移動式家具來點綴，就能創造想要的基本生活氛
圍。如圖中的月曆、小卡片甚至是提袋，都是不錯的選擇。

05 裝潢布置找幫手，
記得請對人！

　　軟裝師一職目前在台灣算是很新的行業，所以我自己從多年前就有一個習慣，會不定期以 Interior Decorator 或 Interior Stylist 為關鍵字在網路上搜尋，去看看世界最新的脈動。這裡分享一些細節讓大家進一步認識。

　　在歐美國家一直以來都有詳細的三大分類：建築師 Architect、室內設計師 Interior Designer、布置師 Interior Decorator（也可翻譯為裝飾師、裝潢師，台灣現在稱為「軟裝師」）另外，還有兩個行業，分別叫做室內造型師 Interior Stylist、售前宅妝師 Home Stager。隔行如隔山，就連歐美國家的人也常常分不清楚這些行業的差異。

　　首先，建築師與室內設計師，這兩個職業聽起來已經是很明顯的區別。但實際上不同國家、民情，就會讓這兩個職業的角色有些灰色地帶。

　　事實上，建築師本就該理解室內設計的邏輯，而室內設計師也必須理解建築的結構，所以在學習的層面上本不是完全切割，而是互相有連結的。而關於布置師與室內設計師，也有著相同的概念。這就是為什麼很多人納悶，既生瑜何生亮？設計師不就可以幫我挑選家具、配色與風格的呈現，為什麼還需要布置師，甚至還有後面延伸的室內造型師與售前宅妝師？

　　說起來，室內設計師是一個最「綜合版」的強大存在，他既要懂些建築、也要懂的布置美感，能力很強的室內設計師確實可以不需要布置師的介入。但當公司規模很大時，還是會直接劃分部門，才能承接更多案子。

布置師、室內造型師，與售前宅妝師的差異？

很巧的是這三個角色，我自己都擔任過。這三者的基礎條件都是相同的，只是針對不同情況下可以區分為這三類，而不是他們無法勝任另一方的工作內容。首先，以受眾做分類，便會很清楚地看到界線：

1. 布置師：針對屋主。
2. 室內造型師：情境拍攝、家具展間或產品呈現、樣品屋。
3. 售前宅妝師：服務對象為房仲業者、房屋賣方。

▋ 布置師

　　一直以來，這就是我對自己角色的定位。以前如果說布置師這個詞，大家的想像會比較偏向百貨公司的櫥窗布置，但我的布置是指「居家布置」。主要服務的客群是「屋主」，協助他們去落實對生活的想像，除了有美感，也要更貼近每一位屋主真實的使用習慣。所以**「擺很多裝飾品」不是這份工作的重點，而是創造真正實用、符合動線機能，但同時又讓人覺得整體視覺協調、平衡、有品味的空間。**

▋ 室內造型師

　　當我為室內設計師的案子做陳列，以利作品集拍攝時，就是造型師的角色。在有效地「襯托」這個空間的設計重點之餘，擺設的比例與擔任布置師時，也有很大的差異。例如在家裡擺放植栽，通常是中型或小型一盆，一般總高不會超過 30 公分。但如果今天是作為「攝影」的對象時，每一樣物件都需要放大，所以很多室內雜誌的封面、或居家品牌的形象照，桌上的植物通常是非常高，甚至直接把樹枝折一段下來插瓶，總高少說都超過 100 公分以上。

照片提供「集品文創」

每一個出現在畫面的物件，看似恰如其分，其實都是經過精心計算的。如果你以很真實的日常邏輯去擺設，那些物件在攝影畫面上都會顯得很小、很瑣碎，除非拍的是特寫。簡單來說，室內造型師與布置師的主要差異，是在於「畫面張力效果」，擺設的合理性、動線的流暢固然重要，但背後的最大目的，是要讓人一眼驚艷，去突顯你想要被看見的主角。

　　所以如果今天你的客戶是寢具公司，要拍攝最新的床單被套組，那絕對不會像在家裡那樣，只是把被子對折放在床上。而是要創造出豐盈、蓬鬆、層次，讓人想立刻撲上去的效果，這樣應該就能很清楚布置師與室內造型師的差異了。

照片提供「集品文創」

照片提供「集品文創」

▊ 售前宅妝師

在我以獨立接案者型態工作之前，曾待過一間叫做「美式宅妝」的公司，老闆就是把美國「Home Staging」這個服務帶進台灣，讓房仲或有售屋需求的人，可以在不花大錢的前提下美化空間。尤其是讓中古屋的賣相更好、讓看屋者與房仲業者可以創造更多話題，才不會在看屋時走進空屋繞一圈就離開。

也就是說，售前宅妝師的真正聚焦點是：協助房子快速成交！所以要把重點放在強化優點、弱化缺點，協助看屋者去想像自己未來在這個房子裡的生活情境，以及潛在可能的運用方式，為看屋者增加更多的美好想像。

這三者的差異應該很明顯。至於台灣所說的「軟裝師」、「家配師」、「風格師」，也都是相同的概念，只是運用的名稱不同，做的事情略有差異，但整體都是圍繞在空間美化、創造機能，協助使用者能夠達到期待的成果。

最後，建築師、室內設計師、布置師（軟裝師）最大的區別是，前兩者必須取得執照，經過長期的學習訓練、實習後才能取得資格。台灣的室內設計業，是直到1985年才有中原大學成立的第一間系所。實際上「室內設計」這個名詞，在國際上也是直到1930年代才正式被使用，並走入一般人的生活中，在此之前，只有皇宮貴族才有餘裕與時間去打點住處。這一切至今都還在持續發展與成長，就更不用說布置師（軟裝師）對台灣人而言，就像是一個初生嬰兒般的存在。

布置師的工作性質，與建築師、設計師相較之下，沒有技術門檻。也就是說任何人都可以自稱布置師，這個行業主要是運用色彩、布料、家具、生活用品、裝飾品去建構的，並沒有像室內設計或建築那樣需要精密規劃水電、結構等，且一出錯就會極為嚴重的風險。布置師主要依賴的還是關於「美感」、「協調」，**然而細節的差異在於你是否更擅長溝通聆聽、對預算的掌握、解決突發狀況的敏捷，與承受時間壓力的能耐。**

照片提供「集品文創」

　　一般來說，布置師亦不需要出圖、畫平面、顯示 3D 效果，因為
工作的邏輯與建築師、設計師是不同的，我們並不是從無到有去蓋一
間房子或改變一個室內結構，那種情況下，如果完全沒有繪製圖面，
當然無法想像，也一定會出問題。

　　布置師（軟裝師）主要是運用已實際存在的色彩塗料、布料、家
具燈具、植栽等物件去做搭配。所以主要的溝通方式是運用「情境版
Mood Board」，這是由實際可採購的物件照片，有邏輯的讓屋主理
解，即將要規劃的整體色系、美感與材質、款式會是什麼樣子。

照片提供「集品文創」

當然，如果當今天規劃的坪數比較大時，搭配簡易的平面圖，讓觀看者更有效理解，每一個家具的擺設方位當然會更好。亦可以運用紙膠帶去模擬，家具擺放後剩下的空間走道與動線，所以要把細節做到什麼程度，也是跟每一個規劃者自己的判斷與能力有關，但並沒有所謂「一定只能怎麼做」，我常收到訊息詢問：「我不會電腦軟體、我不會 Photoshop 也可以當軟裝師嗎？」

　　那些技能是「加分」，但並非必要。真正必要的，還是前面所提的：美感、溝通能力、預算的掌握，包含同理心，以及是否有著持續不斷精進學習的態度，才是真正能脫穎而出且作為長期職業的關鍵。

06 機能已滿足的情況下，哪些是必需的硬體裝修？

天花板　一定要用木工包覆起來藏線路嗎？

很多人在面臨裝修時，為了節省成本，再加上看過很多工業風的商業空間是管線直接外露、連吊隱式冷氣都可以整台被看到的做法後，就覺得「天花板不包覆的方式，似乎也沒有不行？」

首先，現在的房子，交屋的時候天花板大概會呈現兩種型態。一種是透天獨棟的房子，一種就是單層式的公寓、華夏、大樓。這兩種房型的天花板，本身就有些許差異，透天獨棟的房子，基本上不會有像大樓那樣複雜的管線，也不會有消防灑水管線，原則上就是乾乾淨淨的，只有一個燈泡的出線孔。

所以兩者相較下，**透天獨棟的房子，本身比較具有不包覆天花板的優勢，因為原始的天花板，就已相當乾淨利落。但別忘了，還是有冷氣管線。**30 年前的時空背景，主要是使用窗型冷氣，壁面本身會預留冷氣的位置，但現在的主流是分離式冷氣、或是像飯店房間只看到一排出風口的吊隱式冷氣。如果沒有特別修飾，壁掛的冷氣就會看到它的排水線路外露，更不用說吊隱式的機器那麼大一台，直接在天

花板上。雖然說，冷氣廠商也有修飾冷媒管的配件，但還是會看到欲蓋彌彰的大管子，並不是真正的隱形或美化。

浴室、廚房的原始天花板，往往也會有更多複雜的管線，實際上直接裸露出來時，一般人多半不太能接受。所以如果真的想要節省預算，不做全室天花板的包覆是可以的，但至少要把廚房、浴室跟冷氣這三塊的重點處理好，就沒問題。另外，**可將露出的消防灑水管線，直接漆成跟天花板一樣的顏色，這樣也會達到「弱化」存在感的作用，管線就不會那麼明顯。**

而臥室、書房的空間通常比較小，天花板也可以省略不做，只以客廳、廚房、廁所為重點區域去做天花板，還是可折衷省下一筆錢。

Decoration Note

如果客廳坪數超過 8 坪以上，還是偏向建議要做天花板，才能讓燈具可以更均分亮度。如果維持原況，只靠一盞天花板的吸頂燈就要撐全場，是不可能的，勢必要更多的桌燈、立燈輔助，才不會覺得空間很多暗角。但台灣人通常沒有這樣的習慣，電影中歐美國家很普遍會運用大量桌燈、立燈去打造氛圍。我自己也很喜歡，但我老公就會覺得開關這麼多好麻煩。所以，如果你也覺得這樣太累人，就更需要把天花板的工程計算進去唷！

廚房 流程動線、檯面深度、高度，如何規劃最好用？

　　首先，一般廚房檯面的高度，常見是 75 ～ 80 公分，不過現在人的身高比起我們的上一代來說，普遍有直線成長的趨勢。所以檯面的高度，以我的身高 165 公分來說，落在 90 公分就相對更順手，加上我先生現在也是會頻繁進廚房料理的人，這樣的高度對他來說也不會太低。

　　現在也有人會選擇將洗手槽的櫃子做高一點，因為水槽是往下凹的，洗東西時必須彎腰，久了很辛苦。根據主要的廚房使用者去做細節微調，對天天下廚的人來說，就會更加友善。

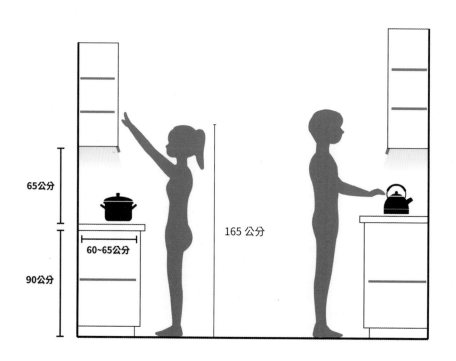

65公分

60~65公分

90公分

165 公分

　　接著，抽油煙機、吊櫃的高度，距離下方的檯面，也會抓 65 公分以上，比較不會不小心撞到頭。我還有印象小時候去鄰居家玩，目睹朋友的哥哥去偷吃鍋裡面的菜，結果一抬頭就狠狠撞到抽油煙機的畫面。

　　廚具深度的部分，基本上會比較統一，落在 60 ～ 65 公分的區間。除非家中空間足夠，就可以再多一個中島。中島很適合有習慣烘焙、擀擀麵皮、烤烤蛋糕的人。多個中島還有另一個優點，就是可以額外增加收納的區域，又或是增加一個可以簡單輕食的檯面，對於許多人而言，現在的廚房、餐桌已是凝聚家中氛圍的空間，取代以前只有客廳才是招待朋友的區域。

浴室　浴室翻新基本要十萬起跳，一定要做嗎？

浴室的基本設置，除了洗手台、馬桶之外，就是淋浴間和有沒有浴缸的差別。大多數的空間可能不一定會有浴缸這個配備，或是家裡有浴缸，但幾乎沒有泡澡的習慣，也很常見。也有的人是以前沒有泡澡的習慣，但有了小孩以後，才開始覺得家裡有個浴缸也很不錯，能讓孩子玩水。

因此，才會不斷提醒，一個空間的規劃，往往都會隨著年紀的轉變、狀態的不同而有所調整。

照片提供「集品文創」

以我家來說，現在的我就會蠻嚮往有一個浴缸。但目前的條件是不允許的，我的折衷方式，就是不定期會去泡湯，或是住飯店的時候，就會刻意挑選有浴缸的房型，一樣可以享受泡澡的樂趣，畢竟我也不是天天都會需要泡澡！所以關於家裡要不要浴缸這件事，每個人都可自行評估。如果浴缸的使用頻率，是兩、三個月才泡一兩次，平常都是洗戰鬥澡的人，確實在重新規劃浴室的時候，就可以省下浴缸的空間。這樣的方式，同時也省下清潔浴缸的時間與精力。

系統櫃 **系統櫃有很多優點，所以要做好、做滿？！**

在一個空間裡，家具的呈現方式分為三大類：木作、系統櫃、活動家具。木作與活動家具，想必大家都很能理解，因為它們存在的歷史很長，而系統櫃大約是二十年前開始進入台灣的市場，一開始它是很昂貴的家具類型，但還是比木工便宜；木工整體價位還是最高的。

系統櫃的優勢，即是它介於木作與現成家具之間，它仍然是需要施工的，但是大部分的板材已經在工廠裁切完成，僅細部才需要核對施作現場的邊邊角角，再去裁刀。所以**工期會比木工快很多、人工操作的部分減少，價位也就會稍微降低，尺寸亦可量身定做，整個做滿不留任何縫隙。**它最大的優勢，是儘管入住當下會以矽利康固定於牆壁，但「未來可拆遷」搬到新家去，所以又保有活動家具的優點。而且還會強調低甲醛、綠建材等標章，因此可想見當時它是多麼來勢洶洶的進入裝潢產業鏈。

▊ 既然這麼棒，做好做滿有什麼不妥嗎？

　　任何的家具形式有其優點，就有其缺點。系統櫃的缺點就是，材質特性少了木工跟活動家具都具備的「造型流線度」。整體四四方方很剛毅，但如果整個空間從玄關櫃、電視櫃、餐櫃、書櫃，到臥室的化妝桌、衣櫃，通通都採用系統櫃的話，勢必會缺少優美的線條。

　　因此，最理想的運用，我認為是在機能大於美觀的單品：例如鞋櫃、衣櫃、電器櫃、書櫃，最適合採用系統櫃。其餘如電視櫃、玄關櫃、矮櫃、書桌化妝桌、餐櫃，就可以採活動家具的方式去混搭。而木工則主要是針對天花板、壁面隔間，或是光靠家具無法取代的元素去執行。如此一來，便能擷取每一種家具型態的優勢，同時有效分配預算。

圖中的案例，就是整面訂製的開放式系統衣櫃，可依照屋主的使用需求，量身訂做。

07 硬裝完成後，如何從空屋變成有「家」的味道。

　　大部分的人在裝修尾聲，就開始會進入一陣恐慌期：「怎麼辦，感覺還是好空喔？要趕快買很多軟件來裝飾、填滿」。但我都是反其道而行，建議屋主不要急。空間真的不需要那麼多的「裝飾品」，你要慎選每一個擺進屋子裡的物件。好看的生活用品本身就是裝飾的一環，所以杯盤、器皿、毛巾、漱口杯、寢具被套、收納容器或垃圾桶，不要隨便亂買才是真諦。

　　除非你期望的風格是極繁複的、古典路線，那麼滿滿的裝飾品確實是必要的。但如果你對空間的期待，是偏向「溫馨、大方、簡約」，更重要的是「好打理」，那麼所需要的軟件類，除了家具之外，只需要按順序鎖定三大項：綠植花卉、氣氛燈、壁面裝飾，便足矣。

照片提供「集品文創」

❸ 壁飾

❷ 燈光

❹ 織品

❶ 植栽

照片提供「居家先生」

家的氛圍基本三大元素：植栽、燈光、壁飾和織品

▎ POINT ❶ 植栽

植栽、花草類，往往是我為一個空間所添入的第一筆。很多客戶找我時，都不免會有一種慌張感，希望在入厝宴客的時候，家裡看起來能夠很美，請我給予建議，該買些什麼東西來擺放。通常我會先從中大型的落地植物開始，客廳、陽台有一到兩盆高度落在 160 ～ 180 公分高的植物，你會發現，很神奇的，空間突然有了生意盎然的活力。

▎ POINT ❷ 燈光

我會再判斷，哪裡適合增加輔助光源，也就是除了天花板燈光、壁燈之外，另外再藉由桌燈或落地燈畫龍點睛、注入靈魂。落地燈最常放在沙發旁、三人座或是單人沙發旁。主要原因在於美化，燈具本身造型會讓空間多一些表情，大於機能性。玄關進來處可以放一盞桌燈，桌燈的運用比落地燈更多元，機能性也更高。這些都屬於輔助光源，一般房子不能都以天花板的燈為主，高度不同，光線才會產生高、中、低的層次變化。

▌ POINT ❸ 壁飾 & 織品

　　牆面上沒有任何裝飾會看起來很單調，因為缺少聚焦的重點。假設你現在正面對著沙發牆，目光很可能落在沙發上，但如果有壁畫，目光就會停留在壁畫上。讓目光遊走在不同高度，會很自然讓人感覺這個空間在視覺上相當豐富。除此之外，也可以加上層板，放上自己的收藏品、掛鐘或植栽，訣竅就是盡量不要讓牆壁全白。

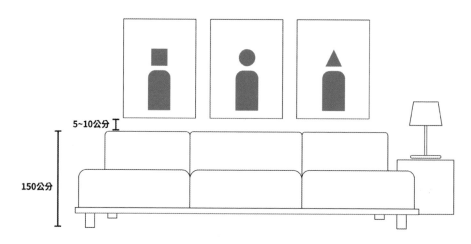

如果有放置家具在畫作下方，記得要往上移動 5 ～ 10 公分左右的距離，但高度建議不要比視平線還要高，這樣觀賞起來會感覺比較舒適，從畫作中心到地面大約會是 144 ～ 152 公分左右的高度。

一般來說，一個區域只要有了植栽與燈光的點綴，就會瞬間升級。如果這樣還不夠，我才會繼續下第三筆，在牆上多增加幾幅裝飾畫。最後，假設想讓空間看起來更精緻，那麼大坪數空間我會加入大塊的地毯；小空間則會選擇放置抱枕，藉由織品的溫暖，來增加空間的柔美氣氛。

照片提供「集品文創」

照片提供「集品文創」

　　真正宴客當天，可以額外在桌上、玄關擺放鮮花，整個空間就又更上一層樓，最後放點些音樂、燃上薰香，飲品茶點端上來，大家談笑風生，這樣的空間是不是令人印象深刻又嚮往呢？

發現了嗎？美化空間時，我是一點、一點，慢慢加進去的。就像化妝一樣。以前我的化妝技巧很拙劣，每一道手續都要做足、做滿，化完妝以後，確實看得出來「你化妝了」，可是美嗎？往往都是太濃、太厚，像個假面具反而有了距離感。化妝真正的目的，是修飾缺點、放大優點，讓人覺得你仿若天生麗質，好像沒有化什麼妝但就很清秀、很迷人，這才是最高境界。

回歸到空間也是一樣，**如果擺放了很多的裝飾品，但卻沒有分配整體的比例，只是一昧的擺放，就會很容易看起來很雜、很膩。**

美化空間，就跟美化自己的外貌道理相同。調整妝容、穿搭，是一點、一點慢慢的增加，適量就好，別人的妝不一定適合你，別人穿起來好看的衣服，更不一定適合你。比起盲目購買，不如挑戰如何用最精簡的方式，就能展現出最美的成果。不僅省錢、省時也省力。

可可・香奈兒女士曾說：「打扮完出門前再減少身上的一樣配件，是最剛好的。」這個概念我也很有共鳴，當我們在鏡前裝扮時，通常都還沒搭上鞋子、包包，所以就會覺得似乎「還不夠」，就不斷的加上耳環、項鍊、別針、腰帶或手環，甚至是髮飾。所以慢慢地，當你越來越懂得「適可而止」，不論是空間或外貌，藉由分析自己、認識自己，進而截長補短，就能信手拈來的展現個人特色，如何發展獨一無二的魅力，才是我們真正要學習的課題。

08 關於預售屋客變，
你該知道的大小事。

　　建築注重：音、光、熱、氣、水；室內結構為：天、地、壁、門、櫃。這些都是構成一個舒適空間非常重要的 DNA。建築阻隔外界噪音、同時有足夠的光線帶入、並能夠調節散熱，流通的空氣，與水質、濕度的管控，就像是人體骨幹、神經、血管的發展。接著，把天花板、地板、壁面三大結構完善後加入門與櫃，便構成一個真正的室內空間，如同肌肉皮膚的生成。隨著家具的擺放、生活用品的添置，達到基礎民生後，最後藉由布置妝點就像是穿搭一般，滿足遮蔽保暖的功能外，也同時進化為展現個人風格的方式。

　　所以，一間好房子要掌握的細節很多，無論是成屋、預售還是老屋，都有各自的優勢與劣勢，接著就來分析預售屋客變時，可以如何預先打好基礎。

不走冤枉路！六大客變前必讀重點

▌ POINT ❶ 房門很醜，退掉再重做好嗎？

千萬別衝動，要知道油漆顏色萬能，同樣一扇門，原本覺得老氣的深咖啡色，只要換成白色、淺灰色，就會重新活過來。而且退掉一扇門建商頂多還你三千塊，但做一扇門到完成，可是要花萬把塊呢！

改造前

改造後

▎POINT ❷ 大門跟廚具的門片不喜歡要退嗎？

現在有一種材料叫做「波音軟片」，它就是一種貼皮材料，但不像木皮那麼硬，主要是以熱塑方式固定，而且不怕潮濕，可以附著於大部分的材質表面。除非是太多凹凹凸凸的不規則造型，不然像是冰箱、防火門、鋁門窗或任何你看不順眼的顏色，都可以直接貼掉。

改造前

改造後

▌ POINT ❸ 插座是否多做一些比較好？

是的，因為現在的家電需求真的相當多元，光是地上擺的就有除濕機、電暖扇、電風扇、空氣清淨機，廚房則有烤箱、電鍋、烤土司機、果汁機等，琳瑯滿目。但一個空間的總電壓還是有上限，以安全範圍內來思考，對應現階段生活習慣中頻繁使用的家電數量，去反推。包含有哪些電器適用延長線都記得算進去，就是新家應該增設的插座數目。

▌ POINT ❹ 需要另外新增 220V 的插座嗎？

一般來說，冷氣、冰箱的電壓，建商一開始就會配置 220V 的電壓，其餘的就是 110V 的，這是台灣的常態配置。但是有一種情況是，屋主本身喜歡下廚，所以他的大烤箱、或烘焙使用的電器，甚至還有一種是專門處理廚餘，俗稱「鐵胃」的設備，就會需要使用 220V。假設一開始就已經知道，家裡會有這些設備需求，那麼在前端就先將線路拉好，是最恰當的。如果後續已經入住，才要再重新拉線，相對就不會那麼方便，而且通常會是外露的管線，影響美觀。

▌ POINT ❺ 隔間牆先全退，可以省下拆除與清運費？

如果實際坪數低於 20 坪，倒是不用太過煩惱這個問題，除非你要把原本的兩房改為一房，不然在一樣保留兩房的前提下，整個空間的格局是不會有什麼大幅變動的。

倘若是大於 20 坪以上，就要根據你實際上是不是已經有明確想法，知道隔間想要增加或減少，此時才請設計師先做規劃，那樣的客變才有更大的意義存在。也才能達到想像中「省下拆除牆壁、清運」的費用。

如果是剛好介於 20 ～ 25 坪上下，但使用者只有一個人，我也還是會偏向維持兩房格局。曾有客戶問我自己一個人住，應該不需要用到兩間？所以就保留一房是否比較好？我的想法是，儘管是一個人住，還是可以維持兩房，原因是讓另一間房，可以作為完整的儲物與更衣室。臥室就單純的擺放床、桌椅，不用塞衣櫃，讓房間更舒服。

還有另一個潛在的用意，除非你很確定這間房子你會獨居住到 100 歲，不然未來假設有任何新的人生規劃時，又得再重新隔間，又或是也有換屋的可能，兩房空間往往會比較容易脫手。

照片提供「集品文創」

▌POINT❻ 浴缸要不要退掉？

　　之前14坪的舊家只有一間浴室，設備也只有淋浴龍頭沒有浴缸，
原本我也不覺得有什麼問題。三年前有小孩以後，慢慢覺得一起泡澡
玩水挺好玩的，所以有機會去住飯店時會特地挑有浴缸的房型。新家
雖然比舊家大了一倍，浴室也從一間變為兩間，但一樣是沒有浴缸。
一開始我覺得有點可惜，但後來想想，其實真的不會天天泡澡，小孩
慢慢長大以後，這種一起泡澡玩水的頻率相信也會降低。

新家主臥中的淋浴間，直接改造成額外的衣物收納區域，物品收納既整
齊又一目了然。

為了讓主臥的衣物收納可以再增加一些空間，我們將淋浴間的龍頭直接拆掉，加上層板變身為額外的衣物、包包收納區。前提是，我們主臥的浴室並不是常態大家印象中，一間廁所裡面有馬桶、洗手台、淋浴間這樣的形式。而是比較像飯店的規劃，馬桶是單獨一間、洗手台是在開放的區域，淋浴間也是獨立的。所以單純把淋浴間改成儲物間，在技術上完全不費吹灰之力。

　　以上也是評估以一家三口的成員組合來說，馬桶與洗手台確實是需要從原本的一增為二，早上起來大家上班、上課時才不會搶著用。但淋浴間，反倒沒有急迫性，因為台灣人的習慣還是晚上睡前才洗澡，所以大家可以錯開時段，就算排隊等也沒關係。

Decoration Note

　　浴缸到底要不要保留、或是需不需要新增，真的是依據個人的生活習慣。我也曾遇過客戶將浴室視為他最重要的生活區域，在浴室可以待一小時以上。好好的泡澡邊追劇、喝點飲料，接著再慢慢地做全身保養。浴室就是他的殿堂，所以整個空間中，浴室的花費比例也大於其他空間，這樣的案例也是有的。

09 有效搜集、過濾適合自宅的素材：幫自家把把脈。

　　無論是買房或租屋，當拿到空間鑰匙的那一刻，想必心情都是雀躍的。但開始認識一個全新的房子時，未來該如何與它共處，是相當值得重視的問題。在我所經手改造的案例中，不乏有許多重視生活品質的屋主，儘管是租屋也對每一個細節毫不馬虎，找我去協助他們做整體的軟裝、配色和材質選搭的建議。當然更多則是持有空間的屋主本人，可以想見對於空間所抱持的期待就更大，願意投注的成本也會相對提高。

　　在我尚未買房前，挑選自用的家具也都是建立在「堪用並好看」的原則，但價位不會太高，只有沙發是我願意花更多成本去採買的。所以整個空間雖然稱得上舒服、漂亮，但若提到「質感」，可能還是差了一截。

　　買房後，心情上有了明顯的轉變，我更願意投入雙倍甚至三倍以上的成本，去挑選每一個經典的家具，變得更加講究，不再是「堪用即可」。每個家具都有了更多道的挑選過程，甚至是背後的小故事。現在大家越來越有概念，裝潢前會主動搜集大量照片作為依據，去建構心中夢想家的樣貌，這是非常棒的作法。**了解自己的喜好、需求，才能更有效地與規劃者溝通，畢竟風格的範圍是很廣泛的。**

　　我每天都會看大量的空間照來累積靈感，腦中彷彿已經有個資料庫，當我看到某種房型時，大腦就會自然的捕捉出我曾看過相似的畫面，作為範本參考給予客戶建議。然而，大部分的屋主自己找照片時，比較容易亂槍打鳥，甚至可能會忽略：「**美圖跟你的家，基礎條件相差多遠？**」我們常比喻「硬體裝修，就像是整型外科」，結構性的去改變一個空間的樣貌；而軟裝布置則是藉由服裝、飾品與化妝

照片提供「集品文創」

品，「如同一個造型師」去為空間妝點。

　　所以當你若是對原本的樣貌、結構不夠滿意，想搜集一些照片給整型醫師做外觀上的調整時，也得根據你原本的樣貌條件，找個「接近的」輪廓，才適合作為範本去動刀。當條件相差真的過於懸殊時，還是要認清事實有所取捨。如果自宅是 10 坪大的空間，但找的靈感照，都是以挑高五米的別墅豪邸做案例，硬要做所謂的「小豪宅」，恐怕還是很難美夢成真，彼此的基礎落差太遠時，甚至連配色都無法作為範本。

　　因為基礎的不同，有些作法不是不行，但必須有所調整或簡化，才能讓它們更貼近原本的既有條件，真正達到為空間加分的作用。挑選風格或色彩時，不能僅以「喜好」為出發，而是要以「空間條件」為出發。

照片提供「STIMLIG」

雜誌上、網路上或是電影中，有各式各樣料漂亮又夢幻的家，但真
的適合作為現在新家裝潢或布置的參考嗎？現實與想像總是會有差
距，記得審慎評估。

大概是國中時期開始，當我更有自己的想法時，衣服就不再是讓媽媽選購，而是由自己打理。我開始獨立思考挑選自己的衣服，起初會單純以「喜歡的顏色」去挑選，但慢慢的我發現，有些喜歡的顏色穿起來不一定適合，反而讓我的膚色顯得黯沉；而有些衣服的顏色單看時，不一定會挑選，但可能在店員的建議下試穿之後，反而有了意想不到的好效果。

　　同樣的，裝修時找照片、搜集靈感的同時，得先幫自己的空間做個評比，具體化的把條件列出來，這樣在效率上才會有幫助，不然茫茫大海，會完全不知從何下手。尋找風格案例時，可以先列出三個項目做依據，**分別為：1. 坪數 2. 採光程度 3. 格局** 。

　　坪數是 15 坪內、30 坪以上、60 坪以上，先做初步的過濾。接著採光好不好，有沒有西曬也會影響材質的決定，格局上屬於長型、方形、圓弧或畸零？便會影響到配置上的全貌。先掌握空間本身的基礎，再去尋找類似的範例，才會節省時間，也避免因做白工而受挫。

10 如何配置客廳與餐廳的動線才流暢？

客廳：依照坪數大小，將空間區分為小、中、大，三種類型。

▌小坪數：

最關鍵的一個品項——「茶几」，最忌諱笨重。很多人認為既然空間小，茶几如果有收納功能應該會很方便。實際上，這樣的家具通常就是「長方形、桌腳完全貼地、木頭材質」，一放下去再加上沙發，整個客廳就直接滿了。如果兩個人同時在看電視，其中一個人要離開去倒杯水，都要橫著走，就像在電影院進場或散場時，有人要經過你的位置前，得將雙腿側一邊，其實不是一個好的動線。

傳統型茶几也常見作為玻璃檯面，四個支撐點與底下木頭的結構落差約 10 多公分，這是另一個很容易 NG 的設計，因為最後那邊最常出現的，就是吃一半用橡皮筋束起來的零食、信件、廣告傳單，亂成一團。

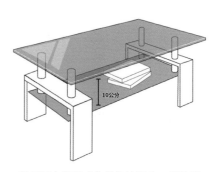

10公分

茶几下方容易成為雜物的溫床，須慎選。

照片提供「集品文創」

　　小坪數最理想的茶几款式，是「**可輕易移動的、直徑或長寬低於**
60 公分內」，可以選擇單個或兩個混搭。可輕易移動的優點，就是
當人多時能隨手把茶几拉離沙發，來回走動就不會卡卡的。而這樣的
方式，也可以彈性運用邊桌，不一定只固定在沙發區。以樣式而言，
蠻推薦具有坐凳功能的茶几，它不僅只有放茶杯的功能，必要時也可
以當成另一張凳子使用。或是平常如果一個人的話，也可以用來墊
腳，達到一物多用的機能，對小空間來說尤其重要！

照片提供「居家先生」

▌ 中坪數：

　　若是 30 坪左右的房子，客廳配置就不受限了。不論你想用大的茶几、或是像小坪數採邊桌混搭，都沒有問題。沙發的部分也可以放心的採用 L 型，不像小坪數擺放 L 型相對容易顯得擁擠，甚至可以多搭配一張單人座與沙發相望，或是多放幾張椅凳也沒問題。

▌大坪數：

假設是 60 坪以上的空間，就又多了一些要注意的眉角。大房子最忌諱的是看起來冷清、空蕩蕩。但是思考一下就會發現，儘管是單層 60 坪以上的空間，也可能一樣是只有一家三口或四口入住，所以家具的「品項」和中坪數相較下，並不會真的增多，而是必須在尺寸上「加寬、加大」。

我曾參觀過一個空間，客廳的茶几大概就是一張床那麼大，但也不會覺得突兀，因為空間本身夠大、夠高，所以比例顯得剛好。若沒有這樣的概念，只是一昧的放入很多常規尺寸的家具試圖填滿，反而會顯得雜亂沒有質感喔。

餐廳：餐桌、餐椅挑選該注意的重點

餐桌該如何挑選，這幾年下來有個特別切身的經驗。現在的餐桌設計比以前多了蠻多造型，包含材質也更加有變化。但我認為不論是大坪數或小坪數，**最實用的餐桌關鍵在於桌腳。**

不管是四隻腳或是以中柱的概念去支撐，試坐時最需要留意的是「會不會一直撞到小

照片提供「集品文創」

腿」，這點真的太重要了，我就是常常小腿撞到桌腳的那種人，所以尤其重視這一點。另外，**收椅子的時候，也才能夠完完整整的推進去，不會被卡住**，這些小眉角對於中、小坪數來說是很重要的一件事，才不會阻礙了寶貴的走道空間。

▌ POINT ❶ 木質餐桌

至於材質的部分，我自己最喜歡的還是木頭，整體的視覺與觸覺是溫潤的，現在表面通常都有做過處理，所以就算湯汁灑出來也很容易清理，不會直接吸附進木頭紋理中。

照片提供「集品文創」

▌ POINT ❷ 大理石餐桌

大理石一直都是高級、高貴的象徵，若價位不是第一考量，當然可以納入挑選清單。以前大理石有個缺點，因為是天然材質，會有毛細孔，打理上需要比較小心，才不會紅酒、咖啡灑出來就變色，就像絲綢的衣服只能手洗一樣，總是特別嬌貴。

但現在有所謂鍍膜的技術，清潔維護就不是什麼大問題。提到大

理石，有養貓的客戶應該都知道，大理石是貓咪的最愛，因為材質冰冰涼涼，夏天的時候，貓咪都會直接趴在上面降溫，非常可愛！所以真的有客戶是因為貓的關係，而選擇大理石。

▌ POINT ❸ 人造石餐桌

另外則是人造石，它可以體現出大理石的紋路，價位也便宜非常多，若要說有什麼缺點，大概就是用久了以後，上面難免會有些刮痕出現。但如果沒有近看也不是那麼清楚，所以是調節預算的好選擇。

▌ POINT ❹ 玻璃與陶板餐桌

最後是玻璃與近年來比較常出現的陶板，這兩類的特質也都是屬於實用、耐用的材料，但溫度上來說也是比較冰冷的印象，所以可根據居家整體想要的風格進行搭配。

　　而關於餐椅配置的部分，很多人會想嘗試「長凳」的方式，但不確定是否實用？長凳搭配單椅，原先是因為過往的餐椅基本上都是中規中矩的四人或六人座，看久了也覺得有點膩，希望有新的突破。一開始我也覺得這樣的配置頗有新意，但一段時間後發現，這樣的配置有兩個缺點值得提出討論。

　　第一點：長凳的位置，最好放在視覺能看到全貌的那一側，才不會因為視覺角度的關係，誤以為另一邊沒有擺椅子，就會顯得怪怪的、視覺比重失衡。

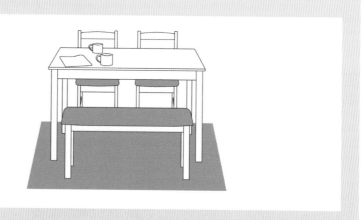

　　第二點：如果家裡人口多，長凳的使用上反而比較麻煩，想像當兩個人同時坐著時，其中一個人要離席或入席，難免會卡卡的，還可能不小心踢到另一個人。

　　很多人以為，長凳的優點是可以坐比較多人，如果是這樣的出發點，不如使用圓凳增加額外的座位即可，使用上也比較靈活喔！但如果是單純以「長凳的配置會顯得造型比較有變化」，就沒有問題了。任何家具都有其優缺點，重點是要依照你的使用習慣，與挑選時的目的性是什麼？這樣才能真正過濾出最適合你，也符合預期的商品。

最方便的廚房規劃模式

　　好用的規劃，就是冰箱與流理臺緊鄰，購物回家後可以很順手的將袋子放在檯面上，再把袋子裡的東西依序放進冰箱裡。其餘不需要冰的，再從桌上移到收納的櫃子中。如果居家為開放式廚房，就可以把這個概念轉移「中島」與冰箱面對相鄰，用意都是在營造一個流暢的動線，讓你可以很自然的被家具配置去引導使用，便是最人性化的設計。

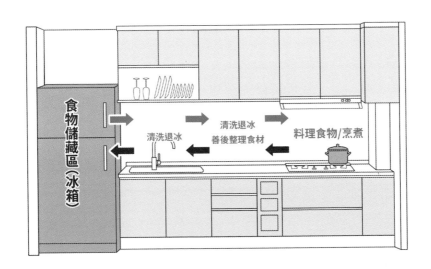

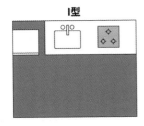

I型

節省空間，移動方便。

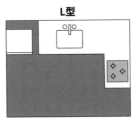

L型

動線較短，角落空間也可收納。

中島型

可以多人同時進行烹飪。

11 關於休息與收納的地方：
不同空間規劃的原則。

主臥規劃

　　主臥是我認為最適合極簡化，配置變動性也特別穩定的區域，回歸休息睡眠的本質，就是擺好一張床、邊櫃，頂多再加一張書桌或化妝台即可。當然空間足夠也可以加入單人沙發、小邊桌與落地燈，營造角落的情境。條件允許的情況下，衣物可以放到另一個衣帽間，但若空間有限，則可運用系統櫃收納，也不用特別擺放電視，讓臥室乾乾淨淨，就是我心中最理想的規劃。

照片提供「集品文創」

次臥規劃

次臥的概念與主臥相同，但隨著小孩年齡轉變，家具更換的頻率較高，建議不要剛開始就「一次到位」全做固定式家具。也就是衣櫃不要直接以系統櫃做滿，而是採用平價的現成兒童衣櫃、抽屜櫃取代，不僅可愛、尺寸較不占空間，讓小孩可以有更多地面範圍可以玩耍外，也能同時學習自主收納衣物、鍛鍊獨立性。

照片提供「集品文創」

床架的部分，則可挑選隨著成長階段調整長度的類型。多半到了國、高中階段時，才會再做一次大的替換，慢慢以接近成人的概念去挑選家具款式。這時候再用系統櫃去做更完整的大衣櫃，會是更合適的時機。而至於很多人會幫小孩挑選所謂的「成長型書桌」，我自己反而會比較建議採「成長椅」取代成長桌。原因是：現在採購時，會考慮到「如果未來要汰換，會不會大費周章？」如果某天覺得不適用了，要丟又覺得可惜，送人又不知道送誰？所以越大型的家具盡可能使用久一點，不需太頻繁的替換，必免造成自己的不便。

照片提供「集品文創」

書房規劃

　　以一個機能性完整的居家辦公室來講，通常少不了一些商務設備。印表機往往是一個很巨大的機台。以我們自家來說，就是特別挑選了符合深度尺寸的抽屜櫃，讓機器擺在檯面上，底下的抽屜可以收納印表紙。另外，**壁面也可以善用洞洞板結合筆筒、小書架等配件，讓檯面輕鬆維持整齊。**

　　很多人喜歡把書房做成全開放式，不隔間或以玻璃隔間半開放的方式和客廳連接。但我自己還是比較偏好讓它完整獨立。一來是就實際使用面，比較不會受到其他家庭成員的活動而干擾；另一方面是，通常辦公椅為了能久坐，往往造型都不是那麼美觀，可能是高背或是以網布的方式來達到透氣效果，這樣的家具在風格上，還是會比較容易扣分。另外，文書類的東西比較多，有時工作進行到一半，也不會隨時保持整潔的情況下，都是會讓視線所及之處多了凌亂的來源。

書房可以多加運用壁面空間，使用掛袋或是增設層板，收放常用的文具或書籍，整齊收納隨手要使用的零散小物，讓整體感覺更活潑。

照片提供「集品文創」

更衣室規劃

　　收納衣物，我認為在實用性上，還是以吊掛法勝過折疊法，可以採 70％掛衣桿＋30％抽屜櫃收納。可運用井字型的分隔配件，收納貼身衣物與容易變形的針織軟質衣料，以及絲巾、皮帶、領帶等細碎的物件。孩子國小以前的幼童衣物，也建議先採取折疊的方式，這是同樣空間之下最大化收納的手法。我的女兒現在三歲，90％的衣服都收在五斗櫃裡，外套或她最鍾愛的蓬蓬裙這類體積較大的，另外使用一個約寬度 100 公分的活動掛衣桿吊掛即可。

井字型的分隔抽屜。

儲物間規劃

歐美國家很習慣運用一種空間形式作為乾貨、飲料或其他食物備品的收納，叫做「Pantry」。一般來說，都只有小小一間，大概就像公共電話亭、公用淋浴間那樣的規格，因為地幅、人口等造成生活習慣的不同，不像台灣或大多亞洲國家，他們通常一個月才採購一次，每次購買的量會比較大，因此需要一個像這樣的空間儲藏食物。我很喜歡這樣的概念，所以當初第一次裝潢我們 14 坪的小宅時，也有採用這樣的空間隱藏在客廳的壁面。若有設置客房，也可以將生活雜物先暫放在客房，因為客人通常都是短暫居住。

但我們不是用來收納食物，而是用來收生活用品。推薦大家在室內規劃一個這樣的區域，依空間條件可以在這個小小的儲物間裡，採一字型或ㄇ字型去做層板，每一片上下約間距 25～30 公分，數量也是三到四片即可，離地約 75～85 公分留白。這樣一來，中小型的物件就可以收納在層板上，而行李箱、電扇、暖扇或是其他中大型的物件就可以放在底下。像我家就

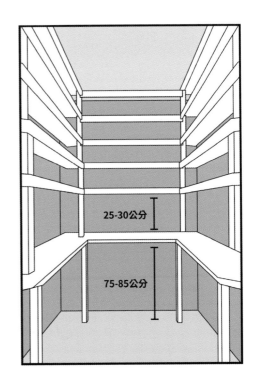

25-30公分

75-85公分

是將大袋的衛生紙、尿布跟貓咪一袋袋的飼料,與暫時尚未要丟棄的3C產品紙箱收納在這個空間裡。

客房、遊戲室,一房多用的機動空間

為客戶規劃空間時,常聽到屋主喜歡保留一間「客房」,但當詢問到是否真的會有親戚朋友頻繁來使用時?往往得到的答案是:「一年可能一次吧?」所以我也經手過不少屋主的家,是把已經蒙上灰塵、床上堆滿雜物的床再次清掉,回歸為一個純儲藏性質的空間。

如果居家空間本身就已經很有限,千萬不要再做出「客房」這樣奢侈的行為,真的擺一張床在裡面。除非你的家人或朋友真的是一個月、兩個月就會「頻繁」來使用,不然像我自己會替父母訂一間舒服的飯店,讓他們可以好好享受,不需窩在一間狹小的房間過夜,平日裡我們也才能真正有效地運用空間坪數。

如何沿用原有家具，改造來搭配新家？

　　新與舊的混搭，必須要以現有的家具顏色、款式為起點，再去添購新的家具，或是以現有的家具數量是多或少作為判斷依據，再採購能夠互相融合的款式，才不會有風格迥異的狀況。另外，一樣藉由塗料的方式，將顏色作轉換，甚至換個把手的材質，便可以與新的家具搭配也是一個很好的方法。

想要有夢幻的更衣室，如何花小錢營造高級感？

　　衣架可以運用木質取代塑膠，而且顏色一定要統一，看起來就會具有高級感。同時，運用有質感的收納籃，例如：藤編織款或金屬款取代塑膠，與衣櫃的底色整合，全部使用白色能呈現明亮感，全部深灰色、胡桃木可呈現個性或沉穩氣氛，最後可以訂做一面寬 75 ～ 90 公分、高 180 ～ 200 公分左右的大鏡子，裱上寬版的框（去裱畫框的店都可以挑得到），再講究一點，可以安裝一盞漂亮的吊燈，加上一塊小地毯，就能輕鬆打造出明星般的更衣室。

12 做了不會後悔的決定 Must have list。

List ❶ 廚下式濾水器

　　我是天天起床後都會喝一杯溫水的人，加上有新生兒的家庭有頻繁泡奶的需要，有一個這樣的設備不僅美觀，又非常的實用。我在八年多前就捨棄快煮壺，也不會讓體積巨大而且通常很醜的開飲機進入我的空間。這次新家，則是直接升級，變成電子觸控面板的出水龍頭，差異在於可以調節溫度，有冰水、常溫跟熱水的選擇，符合每一個家人的喜好去飲用。

List ❷ 大門電子指紋鎖

　　個人很偏好輕便出門，我的包包都是比 A4 還小的尺寸，如果不是傾盆大雨，也盡可能不會帶傘，就是希望整個人可以優雅輕鬆的活動。如果當天我知道我老公會比我早回家，那我可能出門就不會帶鑰匙。但偶爾就是會有陰錯陽差，導致我必須在外遊蕩的窘境。因此新家裝潢的時候，先生直接決定更換為指紋鎖。我自己使用下來也覺得

這真的是一個新時代的產物，就跟掃地機器人、洗碗機一樣，是可以帶給人們更便捷的生活方式，非常推薦！

List ❸ 三合一暖風扇

之前舊家雖然浴室有窗戶，但或許是地處北部的關係，牆壁都還是比較容易長黴。多數時候也都會有明顯的潮濕，所以我一直期許能有一台三合一暖風扇，**不僅可以讓浴室快速乾燥，冬天洗澡的時候也不會那麼痛苦。**如果想要安裝的話，一定要在裝修時就先跟設計師溝通好，因為它需要另外接電，同時也需要和天花板一起設計才美觀，並不是一個隨時想臨時添購就可以使用的家電。

List ❹ 掃地機器人

我的第一台掃地機器人，也是八年多前第一次裝修舊家時就購入。陸陸續續換到現在已經用了第三台，現在使用的還有拖地功能。隨著科技的進步，家電款式、品牌、功能都非常多，也變得非常智能，不像當初剛推出時，機器人常常會撞牆把油漆撞傷，或是有根本沒掃乾淨的情況，是我非常建議每個家庭都應該購入的必備家電。

List ⑤ 浴室鏡櫃

　　我強烈推薦大家使用鏡
櫃，因為它真的具有非常有
效的收納功能。除了收好原
本擺在檯面上會顯得非常雜
亂的東西之外，瓶瓶罐罐的
底下也不會因為洗手、洗臉
時弄濕而產生水垢。大部分
的浴室都會把東西收納在洗
手台下方，但這裡的空間因
為排水管的緣故，還是會顯
得比較畸零，也比較容易產
生水氣。

　　如果是裝修初期，不妨
考慮規劃一面最大化的鏡櫃
去收納，絕對不會後悔。同
時，也運用鏡子有效放大浴
室視覺，當然你得勤勞一點
多擦拭玻璃，這應該是唯一
的小缺點，但瑕不掩瑜。

List ❻ 吊扇

　　吊扇則是另一個我很愛的家電。提到吊扇大家可能會聯想到的是以往很老舊的款式，但現在的吊扇選擇非常多，有很簡約流線的、也有質感很棒的實木款。為什麼我會推薦吊扇，是因為現在的居家設備實在太多，除濕機、空氣清新、暖扇等，如果還要加上電風扇，地板就會顯得很亂、擁擠又有很多電線，讓原本美美的空間又扣分，所以我的最高指導原則，就是能往牆上掛的就不要擺地上！

13 冷靜評估！
避免雞肋的多餘設計。

　　分析完推薦了不會後悔的品項，當然也要聊聊什麼是多餘的、我認為不實際的設計，但這還是有點主觀，也不一定是我覺得不好，就真的不適合你，但我會分析我認為不好的缺點在哪裡？讓大家自己能夠客觀判斷。

❶ 乾濕分離

　　大概是十年前開始，浴室乾濕分離的設計蔚為風潮。因為大家都喜歡浴室乾爽的狀態，所以當乾濕分離的概念出現，便覺得真是個好主意。人人裝修時都會提到：「浴室要乾濕分離。」彷彿跟廚房就一定要有中島才夢幻一樣，成了基本的標配。但是，真的每一間浴室都適合這樣的設計嗎？

14坪的舊家，浴室和多數房子一樣只有不到一坪。那時先生就告訴我：「這麼小的浴室多做一個玻璃隔間是不必要的。」並非是無法達到預期地板很乾爽的效果，而是當浴室只有一坪的大小時，再加入一道玻璃牆後，淋浴濕區雖然區隔開了，但剩下的乾區卻只剩下半坪不到的範圍，意義不大。

　　不僅如此，還只會造成淋浴區變得更窄，洗頭的時候甚至連雙手都不能自在地展開。此外，還有一個延伸的麻煩，這個玻璃的隔間也要定期打理，畢竟它不像鏡子，淋浴間的區域天天都會碰到水，所以會因為水垢的關係看起來顯得髒髒的。**得到的好處並沒有大於壞處，就不是一個好設計。**

　　難道沒有其他的方式，獲得一個乾爽的浴室嗎？有的，**與其花錢做玻璃隔間，不如安裝一台之前提到的三合一暖風扇，這樣的產品就可以在你洗澡後，快速的烘乾浴室，是更實際的方法。**

照片提供「集品文創」

❷ 壁掛電視

　　另一個很容易被誤解的設計就是壁掛電視。這個設計也是大概十多年前開始，早期電視機剛從厚度近 60 公分，進步為薄薄一片，電視櫃的設計因此有了突破性的改變。從以往高大又對稱的霸氣尺寸，簡化為一個長條形即可。為了將「簡約」發揮到極致，又發展出把電視掛到牆上，甚至連電視櫃都省略。大家漸漸被灌輸：「少了一個電視櫃，走道就會變更寬敞」的觀念。紛紛流行起不擺電視櫃，直接將電視掛起來。但很快又會發現：「可是這樣就會露出兩條電視線，很像鼻毛外露呀！」

　　想要達到真正俐落的方式，還是得花錢請木工做一道假牆，讓各種線路完整收在裡面，才能達到想要的效果。尤其當你是 3C 類電器很多的人，線就會更多。所以此時花這筆預算，相當值得。

　　但如果家中線路非常簡單，真的只有電視本體的兩條，就會奉勸不要採用壁掛式，還是安分的放上淺淺的電視櫃，或是做一個深度只有 20～30 公分左右的平台來擺放，線路就不會突兀的垂下來，更不會影響走道。任何人在走路的時候也不是真的貼著牆走，所以不須堅持在「零阻隔」的執念上，才能達到預期中不占空間、又美觀實用的目的。右圖就是電線外露，顯得十分雜亂的例子。

❸ 升降桌

很久以前曾經流行過「和室」這個設計，也是從日本發展過來的概念，在規劃一個家的時候，大家都會有許多期待與想像，覺得自己會坐在這跟家人聊天、喝茶或是看書，平常不使用時，再把桌子降下去就好。

但真的會有興致頻繁的使用升降桌嗎？我個人沒有，所以我不會在家裡運用這樣的設計。但不一定大家都不需要，畢竟每個人的情況真的都不同，單純提供另一種思考角度，讓大家反思一下，如果真的覺得自己會使用那就做吧！不然，**直接擺放一張小桌、甚至是折疊桌，就使用上的變化彈性來看都會更實用，不會花錢又變成未來後悔的設計。**

❹ 伸縮餐桌

跟前面的情況有些類似，大部分的情況下，如果你是一個天天開伙的人，應該就不會願意每天開開收收折疊桌；反之，如果你是很偶爾才需要餐桌吃飯的人，那麼一個茶几其實也可以滿足這個需求。

如同現在很流行所謂的「伸縮餐桌」，當然在家中「偶爾」有客人來訪的時候，它還是會幫上忙。但我更重視的，仍是家裡「大部分時間」的狀態。畢竟伸縮桌有機關要調整，檯面中間多半會有一條交接縫，可能不是那麼的方便跟美觀。所以也請大家不妨多想想真實的使用習慣，再去挑選最符合自己需要的款式才是上策。不要總是一時意亂情迷就暈船，我們都要從過去失敗的經驗中成長。

隱藏式延伸桌板，可
迅速延伸桌面。使用
延伸餐桌時，也要將
餐桌與牆面的空間一
併考量進去，才不會
發生桌子打開後，沒
有走道或活動空間的
窘境。

照片提供「居家先生」

❺ 窗邊的臥榻

　　經常有客戶提出這樣的需求，但我往往會有些潑冷水的提醒 ：「其實大部分的人最後都只會坐在沙發上看電視或滑手機，真的如幻想中坐在臥榻翻書、或在窗台前喝咖啡的機率相當低。大概就是剛入住的第一個月會這麼做，之後臥榻又會再次變成堆衣服雜物的地方。」

　　臥榻還是有其優點，如果有潔癖的人，回到家可能會先在臥榻上小睡。但這又回到另一個問題，如果你有沙發可以睡，似乎也不會去睡臥榻吧！接著，可能又會想到朋友來的時候，有比較多的位子可以坐。但這些假設情境，真的要考量你家是否常態性會有很多人來訪，否則，這些假設往往真的很容易淪為雞肋設計。

　　還有一種設計是坐面可以往上掀開，如果你的臥榻比較偏向長凳型，上面只會蓋著許多 45x45 公分大小的坐墊。先將坐墊移開、臥榻往上掀、拿東西、關起來、再把坐墊放回去的機率會比較大。但如果你是做真正偏向單人床大小的臥榻時，掀開的機率就會再更低。不妨選擇用抽屜的方式取代上掀結構，但我還是要總語重心長的說，**比起做這麼多機關，不如減少買一堆東西囤放的習慣，可能會是更好的逆向操作。**

照片提供「集品文創」

⑥ 天花板收納

14坪舊家真的有做這個設計，但後來發現也是300年才會打開一次，而且通常也會忘記上面到底收納了什麼。所以很多時候，有些規劃都是剛開始想得很美好，但最後實際使用時，卻不如預期中的方便與實用。

❼ 廚房的隔間玻璃門

有人認為廚房的隔間玻璃門可以阻擋油煙，但坦白說效果有限。炒菜時往往會因為很熱所以不想關門，此外當你炒完菜時還是會打開門端出來，此時味道一樣會飄出來。另外，玻璃也會因此需要常常擦拭。但做玻璃隔間門也不是完全沒有好處，優點除了增加視覺的層次美感之外，夏天時，關起廚房的區域，冷房效果也會比較好，不過如果單純針對油煙問題，其實挑一台好的抽油煙機，更能實際解決這些困擾。

14 居家裝潢的 各種兩難選擇題！

窗簾遇到窗台，該如何選擇款式？

　　一般人因為對裝潢的想法比較匱乏，一提到窗簾，往往只會想到運用布簾這個單一選項：落地窗用長布簾、小窗戶就用小布簾。以至於許多時候反而讓畫面變得很雜亂，高高低低、大大小小的布料同時掛在牆上，就像夏天沒洗的頭髮，髮絲一塊一塊貼在臉上，真的不是很美觀。

　　如果家中是小窗戶，可多運用羅馬捲簾、百葉或風琴簾，甚至有些特別小的窗戶可以單純運用霧面的玻璃貼處理即可，不一定非要加上窗簾。而如果要運用紗簾或布簾時，也記得不要因為怕拖地不好打理，就做成「七分褲」的款式，讓視覺效果大打折扣。

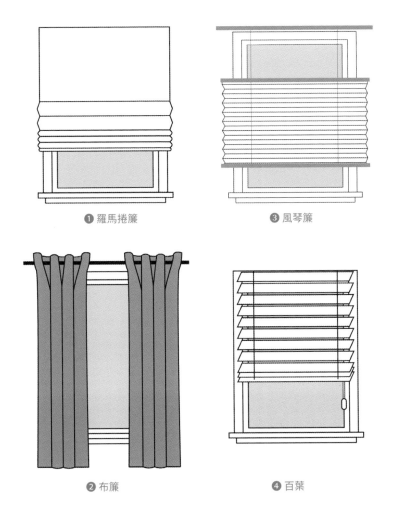

❶ 羅馬捲簾

❸ 風琴簾

❷ 布簾

❹ 百葉

　　就算是一般非落地的窗戶，善用落地長度的布簾能有效地拉高視覺，讓空間有挑高的錯覺而加分喔！缺點當然是成本會高一些，不過就長遠來看，這還是一項相對值得投資的方式。以及如果在裝修初期，預算比較緊，其實可以先運用捲簾這個單價最低的窗簾品項來執行，除了風格容易搭配，遮光效果也很好，未來幾年後想要讓居家升級時再改為布簾都不遲。這也是將錢花在刀口上，調整先後順序的好方法唷！

櫃體做高還是做矮？空間感和收納度如何抉擇？

高櫃收納比較充足，但樣式相對會略顯巨大，所以我建議適合像更衣室、書房或比較大的空間可以這樣使用。不然一般而言，以「矮櫃＋吊櫃」或是「矮櫃＋層板」，視覺上的穿透性會比較好。或是單純使用矮櫃，並在上方牆壁運用掛畫、掛鏡裝飾，也會非常好看。

高櫃可以做到多高？很多人以為高櫃就直接做滿到天花板，較不容易堆積灰塵在頂部，而且還能有更多收納空間。這個問題我是採取保留態度，可能還是得端看兩個情況。

情況一　如果屋高大概是250公分以內，做到頂無妨。但如果更高，其實拿取東西不方便時，往往就會變成死角。所以不會經常運用，就會成為多餘的設計。

情況二　如果是很重視清潔的人，大約半年、一年爬梯子上去擦一擦，也不是多累人的事。單純因為怕灰塵想做到頂一勞永逸，得到的成效不見得這麼大，因為不論是成本或視覺效果，都是比較扣分而非加分。

不論是矮櫃搭配層板，還是整面的高櫃，也可以在材質上做變化，
像是櫃門採用玻璃，也能提升視覺的穿透感，巧妙的材質混搭，讓
房間整體更有個性。

開放式收納櫃怕灰塵、全封閉又怕難找、有壓迫感？

　　混搭的比例很重要，如果全部都是門片，視覺上會顯得過於單調；但如果全部開放，就需要花更多心思去調整、清潔，畢竟不像做滿的櫃子頂部沒有爬梯子還看不到灰塵，層板的話是視覺所及就能看見，所以局面就不太相同。

　　因此，我會建議 1/3 開放，其餘物件則可以收納在櫃裡，而開放出來的物件，必須

照片提供「集品文創」

要以「同時具備裝飾條件」去篩選、取捨。例如，一包一包的衛生紙、各種食品罐頭，以常態來說不屬於適合被展示的東西，就該整齊的收起來。

　　假設想擺放的是更明確的收藏品、裝飾品時，在材質、色系或款式上，都要有一定的呼應，包含調性也很重要。如果放上一只青花瓷，但旁邊卻是皮卡丘公仔，就會顯得很衝突。如果要可愛，就全部可愛；要優雅就全部優雅，重點就是風格上的「協調性」。

衣帽間也要選開放式嗎？不會堆積灰塵嗎？

在 14 坪舊家採用的就是把其中一個房間直接作為衣帽間，使用開放式的衣桿取代衣櫃。不過仍有添購兩個抽屜五斗櫃放置貼身衣物、襪子、絲巾等，偏瑣碎型的物件。這個房間平常都只會開一點點窗戶，並且設置一層捲簾往下拉，所以八年的時間使用下來，並不會特別覺得有布滿灰塵的問題，但這個問題仍取決於你家的區域，本身的落塵狀況而定。

開放式衣帽間最大的好處，是比較不會有衣物悶住的問題，同時也能一目了然地知道放了哪些衣物。但前提是，你得有效的分類，不然反而看起來會更亂。因此，開放式衣帽間的設計，以個性上來說，可能更適合本身能有條不紊地收納衣物的使用者，同時也適合落塵狀況較不明顯的房型。

15 不藏私的 空間視覺放大術。

　　小空間使用大家具，是否會更加分呢？這是我從英國知名設計師凱利・霍彭（Kelly Hoppen）那學來的妙招，後來應用在空間裡，也確實驗證了這個黃金法則。空間小的時候，大家很自然會覺得「當然要配置小的家具，不然會產生壓迫感不是嗎？」這個基礎論點是正確的，但一昧的全部挑選小家具，反而會讓整體空間顯得像是在扮家家酒。

找出一個主角撐著氣場，其餘的配角才是中小尺寸

　　以臥室來說，主角單品通常會是床架，而客廳則是沙發。但此時不要又走偏了，如果一昧的放大，挑了「過大」的尺寸，當然就會顯得比例很不協調，最簡單明瞭的判斷方式，就是適度「留白」。

　　例如：牆壁寬度約 300 公分想擺放沙發座椅，但你直接挑了一個一樣 300 公分的沙發，希望能發揮「最大化運用」，結果可能會令人失望。因為這只會造成視覺因過於龐大而感到突兀，但如果左右各留下至少 30 ～ 45 公分，就會讓視覺舒服許多。

照片提供「集品文創」

床架的部分也是相同邏輯，擺放下去之後，左右走道至少保有45 公分的留白，就會是一個合宜的畫面。倘若今天臥室只需要擺放單人床，就可以將床單邊貼牆取代置中放的方式，選擇把地面空間最大化的範圍去創造視覺的留白。

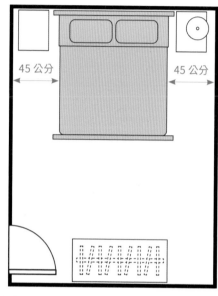

左右走道預留 45 公分寬度。

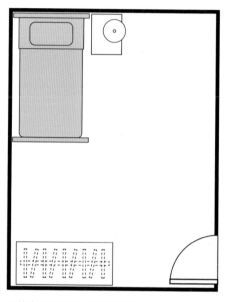

可將床貼牆放置，創造視覺最大化。

不論是什麼家具，最忌諱的就是「硬塞」、「填滿」的擺放方式，完全沒有留白只會顯得很窒息，就像穿了很緊的皮褲，完全無法蹲下，走路也只能小碎步那樣，視覺就會反映出那種不自在感。

　　另外可以延伸的進階做法，是關於配件。例如，燈具、掛畫也都可以朝大尺寸來思考，因為這些都是往壁面發展的物件，不像沙發或床架，一旦擺下去會真的會占掉地坪面積，所以非常適合讓空間產生「竟然可以放下這樣尺寸的物件，那其實房間也不小嘛！」的暗示。

　　最重要的一點是，不論是畫作或是燈具，仍須考量視覺效果，材質與顏色上需要過濾。以燈具來說，就會建議選擇具有「穿透性」的鏤空線條設計，儘管面積大，但不會覺得笨重；或是材質上「輕盈」，如宣紙、塑料、竹編、藤編等，都會在視覺上減輕負擔。

照片提供「集品文創」

照片提供「集品文創」

　　掛畫的部分同理可證，雖然畫作的尺寸可以放很大，但顏色也會以「柔和溫潤」取代「強烈飽和」，圖像也避免密度太高，重複堆疊的「幾何圖案」便容易使人暈眩；很具象的人像、動物形象等，同處在一個小房間裡，則會讓人覺得有侵略性而感到不安。試著運用抽象的不規則色塊或線條簡約的表現方式，就能達到我們想要的目的，且不會造成反效果。

放上腳踏墊或地毯，才能讓空間變完整？

　　許多人在進行空間布置時，會有一定要擺上地毯空間才完整的迷思。實際上，地毯在坪數小的空間裡，有時反而會讓空間看起來更小。尤其是木紋地板原本具有視覺延伸的紋路，放上地毯後，反而會切斷延續性。

　　腳踏墊也是一樣，都會讓地面增加一塊一塊的區域，進而變得複雜。但並不是不能使用，而是要更有技巧地去拿捏。以臥室來說，當然可以運用造型地毯。例如，葉子、動物造型或其他趣味性、不規則線條的款式，擺放在床邊或是如果有單椅時也很適合。不規則的造型因為不會明確地畫下區域線，會更好展現出原本你所期待的加分效果。

照片提供「集品文創」

兩種不同材質的地板，選擇地毯時則需要將圖案與質料一併考量。

照片提供「集品文創」

　　而客廳的部分，如果地板是磁磚、拋光磚時，運用地毯就能很有效的達到材質對比而顯得出色。倘若是木地板，則要好好評估。所以為家中添購軟件時，也不要急著一次買完，而是要等大家具都到位後，再根據實際情況去判斷，是否確實太空？再增加織品去增色，才不會一開始就買了一大堆，結果卻發現沒地方可以擺放。

照片提供「集品文創」

簡單掛上一面鏡子，可產生視覺延伸的效果，空間瞬間放大。

不讓空間一眼看完：善用隔間簾、活動格子櫃

　　大部分的情況下，我們都會認為空間當然要盡可能開闊才會顯得大。但其實適當的運用屏風、半穿透隔間櫃去營造虛實感，會讓人以為還有更多往內走的空間，而造成空間放大的加分效果。另外，巧妙的運用鏡子也是一個很棒的手法，都可以讓視覺延伸，使小坪數瞬間長大。鏡子的折射會讓窗外的採光進入室內，也能達到加乘的效果。同時也記得，在窗戶望出去是不會直接看到對面鄰居家的情況下，多開窗向室外借景引入室內，也是非常好用的小技巧。

視線所及之處都有小燈延伸開闊度，讓空間沒有暗角

　　我在家的時候，視線所及的房間範圍內都會開一盞小燈，儘管我坐在客廳，還是可以感受到臥室的區域不是黑黑暗暗的，包含工作陽台的燈也會打開。關鍵是採用黃光，而不是死白的日光燈管，這些都可以讓眼睛看到更遠的地方而放大室內空間，是個看似微不足道實際上卻非常有效的方法。

有溫度的黃光，能讓你看得更遠、更開闊。

照片提供「集品文創」

45 度角擺放家具視覺更靈活、動線更流暢

　　擺放家具時，不見得每一個東西都要貼著牆面放，或方方正正的擺設，會顯得很呆板。例如書桌通常是面對牆壁、或面對窗戶的方式擺放，但如果空間條件允許，可以試試看牆角斜放的方式，讓桌子 45 度面對門口的狀態，會瞬間讓這個畫面立體起來。或是大坪數的空間，沙發也非常適合不靠牆，類似廚房中島的方式放在空間中央，整個動線就會形成一個「回」字形，讓風格更加活潑。

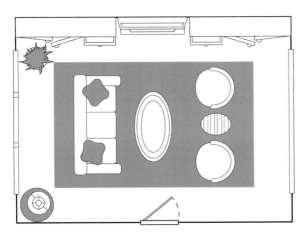

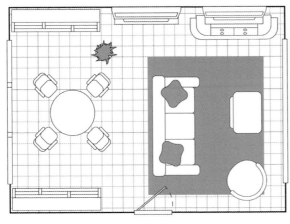

圖中的兩種配置法，都是將沙發不靠牆，讓動線更靈活。

油漆刷半腰牆，讓視覺有 $\frac{1}{3} \sim \frac{1}{2}$ 的留白

　　我特別喜歡在小孩房使用這種刷法，以空間中最低的那根樑作為基準，讓天花板與樑同樣維持白色；或是四面牆距離天花板 45 到 60 公分高度處留白，剩下的牆面則刷上另一個顏色。這樣的方式，就像房間戴了一頂帽子，會產生視覺挑高的錯覺。是非常簡單但十分有效果的做法，下次改造空間時不妨試試看。

運用懸空不落地，或有腳的家具能延伸穿透

　　這點用在臥室時效果特別顯著，也就是床架選擇不落地的款式，或客餐廳的櫃類可以挑選不落地四隻腳支撐的方式，都能讓地面視覺延伸，是個很多人沒想過但其實很關鍵的小空間放大術。

16 關於地板，
該選磁磚還是木紋好？

　　關於這疑問也是個萬年考古題，到底要維持建商的拋光石英磚？還是要貼木紋的地板？地板又有哪些分類呢？首先，我將地板以「視覺溫度」分成兩大類：

以視覺溫度來挑選適合自己的地板

冷調　磁磚、薄板磚、石材、水泥類。

暖調　實木地板、超耐磨木地板（石塑地板、免膠地板、塑膠地板）。

▌磁磚

　　磁磚在印象中就是一塊一塊拼接而成的，尺寸上最小的就是 2x2 公分的馬賽克磚，多半會運用在浴室的牆壁，或在廚房熱炒區前方那塊防濺板上；大的尺寸則以 120x240 公分以上，較常運用在飯店大廳或是公設上。材質表現除了有光澤感的效果，現在也常見霧面與粗面的呈現方式，運用在不同的風格呈現。浴室的地磚就適合採粗面的選項，達到止滑防摔的效果。

▌天然石材、薄板磚、板岩磚

現在都可以做到近乎無接縫的處理，花紋變化也非常多，能為空間帶來豐富的表情，而豪奢的做法，亦會將大理石做出拼花的設計，像是電影《大亨小傳》那個年代的背景，就常見這樣的地板，能夠完整展顯身價不菲的屋主之財力與品味。薄板磚、板岩磚等，則是具有天然大理石材質的視覺，但價位又不像天然大理石那麼高不可攀，於是也成為現在很主流的建材之一。

▌類水泥材質

除了水泥本身以外，常見的又有：盤多磨、卡多泥，皆屬無縫的材料。細節上有些差異，但整體上理解為水泥視覺效果的地坪材料即可。**優點是不會有磁磚或木地板這類材質拼接時產生的縫隙，整體完成面就會具有無邊際的延伸性，不會有**地磚一格一格的線條，亦便於清潔打理。所以喜歡簡約風格的人，就會考慮使用這類的材料，雖然大眾可能沒有聽說過卡多泥、盤多磨這些名稱，但它們也是有一票死忠的專屬擁護者呢！

照片提供「集品文創」

▎超耐磨地板

　　它的表層其實並不是木頭，主要是藉由印刷技術做出木紋的效果，以及刻痕來達到視覺的感受。所以它不怕刮磨，不過底板還是有運用到木頭纖維板，所以踩踏感能稍微模擬出實木的感受。而這款材質最大的優點，即為便於使用，不需要特別照顧，價位是一坪 3 千～ 5 千之間，還是會有細緻度的等級差異，是最受台灣民眾歡迎且廣泛使用的材料。

照片提供「STIMLIG」

　　相對來說，實木地板就會比較擔心刮傷、也需要保養，價格更是貴上許多，但實木地板的踩踏感，當然是最好的。如果預算充足就可以考慮！價位大約是一坪一萬以上。

▌免膠地板

　　它不是真正的木材，與超耐磨地板最明顯的差異是，完全可以自己 DIY，背後本身有止滑的效果，所以只要直接像拼圖一塊一塊放在

地板上就好，牆壁邊緣尺寸不合的地方，只需要美工刀就可以裁切，很方便。具有防水的功能，特別適合租屋族，不過在花色的選擇上，就稍微受限一些，價格也不算太便宜。所以如果坪數大的空間，我反而會比較建議使用超耐磨地板，整體無論是價位或花色的選擇性都會更廣。

▍石塑地板

又叫做 SPC 地板，它就是藉由石粉與塑料的材質混合而成，最大的優點是防水、也不會有木頭熱脹冷縮的問題；但缺點就是踩踏感較硬，但不會冰冷，可以選擇在底下多鋪一層墊子增加回彈的效果，就能降低原本材質上的缺憾。

▍塑膠地板

塑膠地板，是整體價位最便宜的，厚度當然也是最薄的。耐用度一般，久了容易溢膠而有黑黑髒髒的感覺。所以最常被運用在商業空間，像咖啡廳或百貨公司。其實也有等級高的

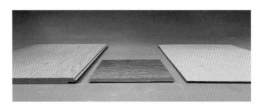

圖中由左至右，分別是超耐磨、塑膠地板 PVC、石塑地板。

照片提供「WOOD LIVING 沃登家居有限公司」

PVC 地板，能達到接近超耐磨地板的質感，適合運用在住家，台灣最大的 PVC 地板商是「富銘地板」，展間很大、樣式齊全，位於新北市五股區，也有網站可以提供參考，大家可以自行選擇喔！

就個人而言，我比較偏好視覺溫潤的木質地板，勝過視覺偏冷的材質。另一方面，我也傾向地板不要有太多的接縫與紋路，喜歡把地板作為配角，所以磁磚類型不會是我個人的首選。而以清潔度來說，現在幾乎人人家中都配有一台掃地機器人，所以清潔上對我而言也不是太大顧慮。

要用磁磚，會建議運用真正具有特色的類型。例如 14 坪的舊宅浴室就是採用復古花磚，或是很多阿公阿嬤年代的地磚，都有各式各樣花色，非常美。其他選擇還有大理石的地板，甚至拼花做出非常高級的樣式，也是另一種美。

60x60 或 45x45 的素磚比較不上不下，無法表現出特色之餘卻有很多縫隙，視覺上顯得不夠俐落。現在有些建商會運用大理石印刷的磚，質感也會讓人覺得比較尷尬，因為很明顯能看出印刷感，還不如使用霧面磁磚顯得更簡約。

若有預算考量，要沿用建商的拋光石英磚，也沒問題的。但會建議使用地毯將視覺轉移，同時也藉由織品的置入讓視覺溫度提高，不會感到那麼冰冷。我知道很多人怕地毯容易藏有過敏源，但現在有許多地毯都是採「平織」的方式，甚至有出防水材質，適用於戶外露臺，非常便於清理，平常可利用掃地機器人天天打理，必要時再用濕布擦拭即可。

17 預算永遠是大難題：
依照空間條件抓數字。

70 軟裝／30 硬裝	60 軟裝／40 硬裝	50 軟裝／50 硬裝
格局滿意，只需包覆部分管線、小量工程。	新屋最普遍的配比，可以普遍挑選中上等級的家具。	舊屋翻新，大量基礎工程，家具先以堪用為主，後續再慢慢升級。

空間條件的分析：新成屋、中古屋、老屋

很多人以為買中古屋會省下很多錢，確實一開始時是如此，但就像買中古車一樣，當你交車後，開始真正上路，就會發現很多一開始沒有注意到的問題。接著要開始修繕，可能半年內陸陸續續燒了很多錢在換零件、修東補西，讓人覺得心煩。

房子當然也是如此，不論是新屋或舊屋，看房子的時候往往不是待上一整天、一整週，所以在不是真正熟悉那個環境的情況下，很容易就會覺得「這間房子沒問題」，於是就買了。原本以為只要買些家具就可以搬進來，或是只需要輕裝修，怎知牆壁或地板一撬開，才發現更多頭痛的狀況。所以新成屋或舊屋翻新，就有不同的裝潢思維。

舊屋翻新最大的成本，會落在得將全部老舊的管線抽換。另外，是否有壁癌的狀況要修整？鋁門窗、大門通常也都要全部換新，還有衛浴重整、廚房更新等，都會燒掉一大筆錢。

改造前

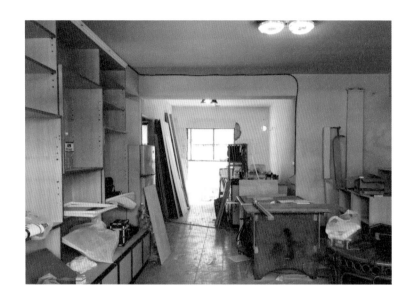

改造後

舊翻新的費用，往往花在「表面」看不出來的地方

就像在幫一個人調整體質，這是內在的改變，所以花了 100 萬，也只是先把他弄成新成屋該有的基礎，將原本的 -60 分，拉回歸零，距離 +60 分，其實還有一段路要走。所以買中古屋真的比較省嗎？有時候反而是碰碰運氣。舊翻新所要花費的預算，往往都會比新成屋來得多。又或是一樣的預算，新成屋比較能把錢花在錦上添花的地方，而舊翻新就得先做一些重整，先拉皮回春，才能思考如何美化。

同時，無論是新屋或翻新，如果格局若需要敲牆打壁，還會有額外的清運費用，以及現在無論新舊，裝修的標準流程是先申請室內裝修許可，這一筆也就直接花上 6～8 萬不等，又不得不申請，因為被檢舉的話會直接先罰錢。更容易被遺漏的是：除非是整棟透天，不然還要加上所謂的保護工程，每個社區的規範不同，所以也是一筆對你家裝潢完全沒有加分，但又不得不做的事，以免在搬運建材的時候弄傷了公用電梯或廊道，這些都是很容易被忽略的項目。

林林總總加起來十幾萬跑不掉。這些隱形的費用，都必須納入裝修成本裡，所以很多人以為裝潢花 100 萬可以做很多事，實際上，這些金額東扣西扣後，再加上每一個品項都是以 5 萬到 10 萬為基本單位在計算時，你可能會驚訝的發現，100 萬真的做不了太多事。

預計入住的時間：5 年、10 年、10 年以上，將影響硬體施作比例

首先，裝修我會先分成兩大塊：「必須先一次到位」與「未來可更新升級」的。哪些是必須一次到位做到好的呢？像是：泥作、木工、水電。

泥作	浴室的設備、玄關或廚房的磁磚可能想要換款式，還有鋁窗類如果要更新，都會需要運用水泥去固定。
木工	所有的天花板包覆、牆面的造型、房間隔間、櫃體類，與其他架高木地板等設計。
水電	就像前面提到，開關插座的增加、迴路的增加，如果要修飾得漂亮，都得在一開始就埋在牆壁或木作裡。

為什麼這些項目一定要事先做好呢？因為在施工的過程中，會對環境造成較大污染，尤其是泥作。想像一下，當你住在家裡的時候，師傅來家中用高分貝的大型機具把磁磚剔除，過程中整個家裡地板、空氣中都會是泥沙髒髒的痕跡，粉塵瀰漫，你受得了嗎？而且水泥的特性是必須一道、一道，等完全乾燥後，再進行下一道程序。這樣反覆執行，不是一天就能做完，而是以「週」為單位計算，遇到天氣不好、下雨濕氣重，就會等更久。這種情況下，家裡基本上不太能住人，而且如果家裡有人，也會妨礙師傅進出、搬運和工作。

　　木工就更不用說，光是把鋸檯搬進家中，切割木材，整個粉塵噴得四處都是，打釘槍、還有上膠時的氣味等問題，都不是適合在有人居住的情況下進行的。

　　唯獨油漆是當你居住幾年後，選擇重新粉刷，雖然也會需要家裡大幅搬動家具好讓師傅工作，但相對來說，比較沒有那麼困難。此外，如果地板原本是磁磚，單純要換成超耐磨、或是現在流行的免膠地板，也比較可能在之後執行。

　　在這三個項目當中，你心中期望的最高等級是什麼？請一開始就做到位，如果想過幾年後才升等，不是不行，但真的會比較麻煩。接著，如果預算有限，撤除上述三樣之後，就歸類在「未來可更新」的等級去思考。

以我家來說，家具與窗簾，就是我們當時用來調節預算的品項。除了沙發以外，大部分的家具都在 IKEA 採購，窗簾也都是用最便宜的捲簾，經濟實惠又簡約好搭配；浴室窗戶，則是貼上霧面玻璃作為保護隱私的隔絕措施，並沒有安裝質感更好的鋁百葉。

　　話雖如此，也並非所有的東西都用很便宜的。為什麼沙發我就沒有選擇買 IKEA 或是平價的款式呢？因為客廳的靈魂，就是沙發。**所以分配預算時，我會將比較多的比例挪到沙發上，櫃子、小茶几可以用簡單便宜但還是好搭配的**。像這樣中高價跟平價的家具混搭，能讓整體的美感維持在一定的水平之上。千萬別為了省錢，全部的家具就都挑選最便宜的，否則相信我，最後的成果一定看起來也會很廉價。

18 硬裝與軟裝，哪個更重要？裝潢必看三大準則！

　　如果空間落在 15 坪上下，在只有 65 萬的情況下要做整體規劃，肯定就要大幅降低各種「夢幻的想像」。無論你的預算上限是 100 萬或是 800 萬，都該列出一個清單，哪些是一定要做，不做會不能活的，寫下你心中的 Top5。

　　當你只有五個最重要的選項可以列在清單上時，項目不多，所以更要精挑細選，因為人性就是如此，總是會有很多、很多的不滿足。就算有 500 萬的預算，也還是會想做 700 萬、800 萬的設計。這就是為什麼要過濾出哪些才是最必要的，不然永遠都會覺得預算不夠用。

　　例如，廚房和廁所的天花板管線非常複雜，如果沒有包覆會很陽春，所以一定要做天花板；但客廳、臥室管線少，相對可以接受外露的明線；我不一定要有浴缸，但是浴室至少不要看起來很簡陋、老舊，這代表一定會花一筆錢在浴室的改造上。還有我一定要木地板，完全不能接受磁磚，這就會加在我的 Top5 List 當中。

❶ 理性思考，所有需求一定 要一次到位嗎？

　　當初 14 坪舊家的規劃，確實硬裝的需求就不多，我們很節制也很理性，不會想太多華而不實的畫面。先來一場斷捨離，思考出哪些才是對你來說最、最、最重要的。你可能會發現，大部分的比例分配給硬體作為 Top5，剩下的錢只能買便宜的家具。反過來說，當你的 Top5 列出來之後發現，其實要做的硬裝真的很少，就能大幅拉高買家具的預算。

　　如果硬裝與軟裝，都想要一次就到位、並在自己的夢幻水平上，很簡單，就是提高預算。一切都是用「比例」來衡量，硬裝對你來說比較重要、還是家具家電比較重要？一定要先思考清楚！

　　當初規劃 14 坪舊家時，因為客廳非常小，沒有額外做書房的條件，所謂餐廳的區域，其實也只放得下一張桌子而已。所以我們選擇先打掉廚房這道牆，以木工方式局部修飾冰箱的存在感，銜接一張大檯面桌子作為辦公與用餐的雙功能，讓空間多些趣味性。

　　而臥室原本也只有一張雙人床，衣服都放到另一個房間。這間房間擺了一台電鋼琴、還有一些生活雜物的收納。三年前，有了小貝比以後，才另外添購了一張小床、與一個抽屜櫃來放置她的所有用品：從尿布、衣服、藥品、耳溫槍等小東西都集中在這裡，清楚管理才能

方便拿取。這是非常重要的課題：**如何讓家在舒適度與寬敞度改變不
多的情況下，與新加入的另一個成員共同生活。**

❷ 運用有限的成本，創造出最大效益的方法

如同前面提到，家具並不是全部都買最便宜，而是會分配較高
的預算到靈魂角色上。套用在硬體上也是相同的概念。舊家設計了一
道造型獨特的隱藏門，這聽起來應該不算是「一定要做的東西」吧？
但為什麼要做這個規劃呢？對我們而言，這道牆對於整個空間的質感
呈現，有明顯的加分效果，不能因為裝修做得太少導致產生陽春的感
覺，所以我們願意花比較高
的預算去執行，並不覺得它
可有可無。

包含浴室的地磚，當初
也是一坪就要一萬元的進口
磚，並不便宜。但浴室其實
也就只有一坪大，以總預算
的比例來看，相對沒有這麼
驚人。地磚的質感非常好，
也是另一個可以瞬間大幅提
升美感的品項。所以，我們
直接以進口磚作為首選。

❸ 裝潢預算是你期望數字的 1.5 倍以上！

多數人應該還是不知道裝修自己的家究竟會花多少錢，或該準備多少錢呢？簡單來說，如何抓預算，可以運用反推的方式。

思考看看：「我願意最多、最多花多少錢？」然後，再把那個數字直接乘 1.5 倍，通常才會是你最後真正花費的錢。就像最初我們想的是以 100 萬為目標，但最後卻是落在 150 萬上下。如果你心裡很清楚，我最多、最多只能花 100 萬，不然會破產，那就要反推回去，其實預算只能先抓 65 萬上下。為什麼一定要多抓？這其實是預備金的概念。這一點非常重要！

裝潢並不是像喝下午茶一樣簡單的事。它有許多不可抗拒的因素，尤其是舊翻新的中古屋，更會有一大堆意料之外的情況，都會讓你突然增加好幾筆項目要支付。如果你完全沒有先估算預備金，就會有極大的可能，遇到工程做到一半卡關，錢付不出來，事情又收不了尾或只得草草收尾的窘境。這也是所有人在裝潢時最害怕遇到的事——距離完工遙遙無期！

從以上的例子就可以看出，儘管總預算不高，但我們仍可針對能達到極大加分效果的項目投資，心甘情願地花錢！

最後，再複習一次：

POINT
1
先思考心中可以接受的預算上限，接著將它乘以 1.5 倍，才是最後會面臨的數字。

POINT
2
列出 Top5 List 以後，便能知道如何分配硬裝與軟裝的比例安排。

POINT
3
硬裝與軟裝，都要各別找出至少一個能讓質感倍增的項目，為空間增色。

當初採用了這樣的方式去運用預算，隨著時間慢慢過去，也陸陸續續的做了變換。新沙發、新窗簾、邊桌與工作椅，以及廚房的烤箱、抽油煙機、更衣室等，很多都升級了，包含浴室後續也換上黑色的鋁百葉，效果確實比只有貼上玻璃貼還要細緻。

包含壁面的陳列也做過一次大調整，還能轉換心情。這些都是後續可以再慢慢更新的。雖然裝潢很燒錢，但還是不要給自己太大壓力，我們也是過七年多，才讓空間一步一步的接近理想的狀態。

隨著季節變化，壁面陳列也可以跟著調整。

19 分析裝潢時的執行方式，對症下藥、事半功倍。

室內設計師的使用說明書

長年的觀察之下，若說「室內設計」可能是消費紛爭最多的行業之一，真是一點也不為過。事出必有因，我思考後發現只要同時具備：單價高＋陌生的領域，就越容易發生這樣的狀況。像是買房子、裝修、結婚等相關事宜，都是這樣的性質。一生多半只有一次，但一次就要花上很多錢，並且通常沒有後悔的餘地，一旦失誤就會付出相對慘痛的代價。

所以大家都會很謹慎、很害怕被騙。但是，你真的做對功課了嗎？多數人都知道，如果要省事就是要找專業人士，所以才會衍生各種相關行業，像是房仲業者、室內設計師、婚禮顧問等。可是真的只要找了一個人，一切就能搞定了嗎？其實設計師比較像是哆啦A夢，都有個萬能百寶袋，能做的事真的很多。可是，只有當屋主能充分訴求、互相配合、彼此信賴，並對自己負責，才能把設計師的價值發揮到最大！

以下是選擇三種不同專業人士配合時，各別具有的優缺點，可依照自己的需求選擇尋找適合的人選。

	統包	設計師	軟裝師
施工監工	V	V	
整體美感		V	V
降低成本	V		V
屋主省心		V	V

多數人第一次裝修時，都會以為裝修就是：1. 找設計師 2. 沒了。然後就可以歡喜入住了。當然不是啊！改造一個空間真的不是從 A 到 B，這麼簡單。它是從 A 到 Z 這麼複雜。那麼屋主應該建立什麼樣的觀念，以及具體做出哪些事前準備呢？

▌1. 認清事實：裝修本質上就是一件很累的事

設計師會協助你確認風格、彙整出你的需求，針對預算來判斷是否可行，和你一起討論家具、家電甚至電壓的規格、數量，包含插座要幾個？哪裡可以收洗衣精、囤備品？衛生紙是要捲筒還是抽取式？真的有兩千三百萬個問題待處理。

有經驗的設計師，絕對會讓你知道，沒有在開玩笑，這真的是一場戰爭，而且一定要贏！

照片提供「STIMLIG」

2. 過程中一定會有大大小小的狀況

　　既然是一場戰爭，想必就不會太輕鬆！設計師要經常跟你對圖面、確認材質、挑選花色，光一個客廳可能會有兩至三種風格，甚至更多的可能性，與你分析每一種作法的優缺點，哪一個最適合你家？

　　細節到磁磚、地板要怎麼拼？燈該怎麼布局、開關如何切換？這都只是前菜。你可能會選擇下班後或是週末跟設計師開會，每次聽設計師跟你講一到三個小時左右的簡報，家人之間再討論最偏好哪一個方式、哪一個選擇。

　　而這樣的會議，**根據空間大小，反反覆覆修改、討論、再修改、再討論，至少一、兩個月跑不掉**。光是這些開工前的經歷，就會讓你覺得：「天啊，可不可以給我一扇任意門，直接快轉到完工那一天？」

但設計師可是日日、月月、年年、不分早晚、時時刻刻，都被這些事情圍繞，若不是真心喜愛這份工作，誰受得了？正式開工前，經歷過各種「惡搞」（挖洞）的資深設計師，一定都會先告知屋主，雖然我們已經都做好萬全準備，可是人算不如天算，有時候就是會發生一些插曲。尤其舊翻新，更容易會在拆除既有裝潢，或地、壁面時，出現很多的驚嚇，不是驚喜。

所以為什麼設計師，需要常替屋主打預防針？就是要讓屋主知道，各種狀況都是可能會發生的，要有心理準備才不會措手不及。可能出狀況的來源太多，這不是設計師本身可以控制的，也不是他盡力付出就能避免。

有時是屋況本身、有時候是人為的因素。一個裝修的過程中，大概會有多少人出現在現場呢？至少 20 ～ 30 個以上，而背後的廠商也至少 15 ～ 20 個跑不掉。包含送貨的物流、甚至海外訂購的產品，每一個溝通的窗口都不出錯，其實不太可能。也或許是屋主的想法，臨時有了異動、甚至還有遇過開工了才發現懷孕，所以必須改變原有的配置。

3. 如何與設計師攜手過關斬將？

既然裝潢如此驚險萬分，很多人會好奇「那怎樣才算是好的設計師、又該怎麼找？」基本的審美、規劃的能力都是必須的。一個真正「好的設計師」，在於他的職業道德。除了會冷靜的面對突發狀況之外，也會替屋主設想出最佳解決方案。

但怎麼看一個人有沒有職業道德？ 恐怕不是從外表或是幾次談話，就能知道。所以找設計師，建議還是：

1. 親友真的配合過、也親口推薦給你的。
2. 長期有在關注的。

即便如此，也無法 100% 保證這個合作絕對不會有問題。因為合作是雙向的，才叫合作。不只是設計師要慎選，自己也應該跟家人好好的討論，哪些是必須執行的項目，具體列出來。不要因為現在流行什麼、或看了一些照片覺得很時髦，就要求做一樣的設計。很多漂亮的設計，可能根本不適合你的生活習慣。

最簡單的方式，就是把現在自家環境中覺得最困擾、最想改善的地方，完整的去記錄，一條一條寫出來。很可能會花上兩、三個月至半年的時間。做好充足的準備、不用急。裝潢最忌諱的就是突如其來，又急又趕什麼都沒想清楚。花了上百萬才發現，很多事情都沒思考好，接著怪罪在設計師身上，覺得他不夠了解你們一家大小。負責任的屋主，不是只要付錢就好，而是有意識地去觀察自己的喜好、家人的喜好，因為你們才是最後真正的使用者。

設計師的真正工作：協助、引導、落實、改善

過去經驗中，最常遇到客戶詢問的相關問題有：

1. 家裡鞋子總是堆滿門口、缺乏收納，東西都只能擺在外面。
2. 家具配置很擁擠，很期望有一個大大的流理檯可以備餐。
3. 電器櫃目前不夠放。
4. 衣櫃總是滿滿滿、想要有一個可以獨自閱讀的小天地。
5. 對家中寵物友善的出入動線。

無論想到什麼就先記錄下來，統整好後轉達給設計師。只要靜下來思考，一定可以寫出超多對現在生活不滿意、希望優化的地方。此時，設計師就可以根據他的專業與經驗，找出最適合你們的方式，這才是讓整件事更加順利、流暢的作業模式。

但要記得一件事，人是會改變的！隨著年齡、心境的不同，你的需求、喜好、品味都會轉換。所以一個設計或設備，通常適用七～十年就會需要再被微調、甚至大改。這是非常正常的現象，千萬不要認為這一定是當初設計師思慮不周、或是責怪自己怎麼沒想到。建材、科技本就是日新月異，所以才能越來越進步，不會一成不變。

儘管處理一個空間的過程如此辛苦，只要你真的對這個空間付出了心思，就會享受到甜美的果實。哪怕只是為臥室換一床乾淨、嶄新、舒適的寢具，都足以讓你的心情在當下有細微的變化。何況是更全面的改變，對你與家人，絕對會產生不同的價值與意義。所以，在裝修前，一定要沉澱下來。思考、觀察、列出項目，並多多溝通。找到頻率接近的設計師後，就好好信任設計師的用心吧！**當雙方都是誠心誠意的狀態，我相信就會產生最好的結果！**

照片提供「得利塗料」

CHAPTER

2

自家風格
跳脫樣品屋的美學與設計

為了打造理想中的居住空間，先在腦海中畫出屬
於自己的空間想像，依照你與家人的生活習慣，
融入不同的色調與裝飾物品，不論是選擇古典
風、北歐風、無印風還是鄉村風，都是屬於你們
最真實的樣貌。

01 各大色調基本認識，不再只有制式的單一風格！

　　隨著時間的演進、資訊的流通，越來越多的範本讓我們知道，居家設計不是只追求鄉村風、古典風、無印風、北歐風、工業風等，更重要的是，好好確立「使用者是誰」與「想要傳遞的氛圍是什麼？」依照自己的生活習慣，才能打造美好兼具真實樣貌，且不退「流行」的家。

　　本書出現了各種不同的風格，主要以 1. 色系 2. 繁複度，這兩點作為切入，讓大家自行比對，找出自己的風格。我想大部分的讀者，真正想要的只是有個舒舒服服的家，對於風格其實沒有太多的研究與了解，因此想藉由本書，有效分析出什麼樣的類型會最適合你，以及最符合你現階段需求的方案是什麼。

　　風格這件事，是隨著歷史年代、生活所需、文化差異，包含貧富差距，所交織出來的成果。

　　綜觀「全世界」，從法式公寓、英式殖民、日式侘寂，到異國情調的波希米亞、摩洛哥建築乃至非洲部落，都有令人醉心的元素。甚至是較少人聽過的「蒸氣龐克」，我也覺得非常有趣。所以若要細細討論風格，真的是學不完、看不完、也說不完。

法式風格往往帶有波浪、曲線、花紋與雕刻，讓整個空間塑造出時髦的華麗感。古典法式以對稱的軸線和奢華裝飾品為主，營造出典雅又高貴的氛圍。而照片中的華麗吊燈，也是法式風格不可或缺的元素。

攝於 opium champagne bar

如果你時常到世界各地旅遊，或是對於不同民族的豐富性有著極大興趣，自然而然就會不斷的主動接觸與觀察，而所吸收的內容就會慢慢內化到你心中，藉由自己的眼光與手法，揉合淬煉出一個專屬於自己的美學世界。當你理解，原來風格可以這麼的細、這麼的多變、這麼的廣時，有興趣的人會再根據自己最偏愛的那個分類，更深入往下鑽研，並有機會成為這個分類的專家。

雖然我稱不上是特別研究各種風格的專家，但我有自己的一套過濾系統，知道自己喜歡什麼、不愛什麼。如果獨居時我會想用什麼樣的風格呈現？如果是跟家人同住時，又可以抓出哪一類適合的風格套入。接著，就以不同色系與裝飾風格差異來做簡單分析。

不同色系帶有不同個性：明度高低、彩度高低

透亮＋高明度：白色、青蘋果綠，給人充滿活力、朝氣、清新的直觀感受。

沉穩＋低明度：灰色、深咖啡色、深紫色，帶有成熟穩重、安定、古樸的感受。

繽紛＋高彩度：大紅色、亮橘色、鮮黃色，呈現搶眼又大膽的現代感。

素雅＋低彩度：乾燥玫瑰、奶茶色、奶油色，表現出高貴優雅，溫柔舒適感。

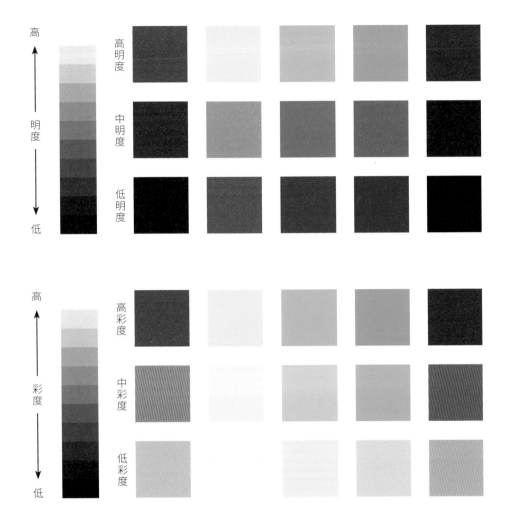

繁複度：代表裝飾程度的多寡

簡潔：並非完全無裝飾，而是線條整體俐落之餘，空間中有適
　　　度的留白。

豐富：從硬體裝修到軟裝，天地壁面都以「零留白」的概念進
　　　行設計。

勾選出你的偏好,是喜歡明亮或沉穩?

以下分成三大不同風格,可從中勾選適合自己的類型。

明亮	沉穩	素雅	繽紛	簡潔	豐富

明亮、素雅、簡潔　如「無印良品 」,或電影《高年級實習生》的辦公室。

明亮、素雅、豐富　如「法式鄉村」。

明亮、繽紛、簡潔　如「北歐風」 。

明亮、繽紛、豐富　如「普普風」,或電影《布達佩斯大飯店》、影集《艾蜜莉的異想世界》。

沉穩、素雅、簡潔　如「侘寂」 。

沉穩、素雅、豐富　如電影《幸福綠皮書》劇中博士的家。

沉穩、繽紛、簡潔　如電影《托斯卡尼艷陽下》女主角的古宅、影集《艾蜜莉在巴黎》女主角家的閣樓。

沉穩、繽紛、豐富　如「裝飾風藝術 Art Deco」,電影《大亨小傳》或電影《尼羅河謀殺案》的風格。

照片中的兩間房子配色，呈現出截然不同的感覺。一個是低彩度的綠色、米色，帶有安靜優雅的氣息；另一個則是高明度的粉紅色與藍色，則感受有點浪漫又清新的風格。

照片提供「得利塗料」

02 依照使用者習慣、喜好氛圍做刪去法。

　　根據前述的大致分類與分析後，會發現越接近當代的風格，風格越簡潔、用色也越簡化。為什麼會有這樣的現象？設計的歷史與風格固然有它自然的發展機制，但同時，它也與社會的進化息息相關。以歐洲為例，古希臘時期有許多神明的建築及廟宇，古羅馬為純消費性大型公共建築，中世紀則以宗教建築為主等。因此，歷史上也形成了建築或裝潢設計上獨特的藝術流派與風格；而以經濟層面來看，務農時代都是吃粗食，經濟起飛後，隨著時代的進步，則轉變為精緻飲食，但最後還是回歸健康飲食。一旦進化到了極致，又會再次回歸原點、回歸本質。

　　為何現在大家在進行裝修時，不想過於金光閃閃，擔心整體風格流於俗氣？曾經金碧輝煌確實能顯示一個人的地位象徵，但隨著大家的內涵提升，反而會盡量避免過於彰顯炫富。另一點則是因為現代人的資訊量太大，回到家會希望視線所及的範圍簡簡單單。就像有些人會開玩笑，說廚師回到家自己吃都很隨便，或是設計師的家通常也沒有過多裝飾，大家「圖個安靜就好」。

如何找出更貼近自己偏愛的路線？

前面已先試著用表格過濾出自己偏好的色系、裝飾程度，但多數人可能還是很難充分描繪，到底什麼樣的風格，最貼近自己心中的想法。所以我曾說過：「身為軟裝師與設計師角色的我們，會藉由風格照片與屋主來釐清彼此的認知在同一個方向上。」

接著，就更仔細的分析該如何落實，創造一個心中理想的樣貌。想要完成一個專屬你、或一家人的風格，首先要探究使用成員有哪些人。「家庭或個人、長輩或幼童，不同職業的人」都會有很大的差異。而想呈現的狀態是：「沉澱放鬆、專注靜謐」還是「精神抖擻、歡樂溫馨」？在不同的區域裡，肯定需要建立不同的功能與需求。

小套房或是一個大家族，所需要被架構出的全貌和規格也不同，可以想像，所謂風格是會加乘出很多可能性的。如何保有空間中「風格的連貫與延續性」，全貌的和諧就十分關鍵。否則難道一家四口，就做出四種完全不同的風格嗎？

當然，這麼處理也不能認為是「錯」，我一直強調，美感並沒有絕對的對與錯，差別只是在於耐看性。越和諧的融入不同元素，就越能經久而不產生視覺疲乏。當多元的樣貌想要同時出現在一個房子裡時，色彩就是最好的串連風格橋樑。於是，善用色系與材質來打造多元風格便是我的心法。

我自己特別會留意，避免運用色彩或風格流行度過高的裝飾品，而是挑選對自己來說更有情感連結的物件。假設同樣是裝飾壁面，你可以選擇現成的畫作，但也可以選擇具有紀念意義的生活照、旅遊照片、或親自手繪的作品。

　　現成的商品並非不好，只是許多時候在採購當下沒有特別經過思索，或是因為單純覺得價格便宜就買回來。這種類型的物件通常經不起時間考驗，往往過不了幾個月就會覺得不耐看，或者是看到更喜歡的又將它丟棄，這些都是我建議大家應該有意識避免的行為。

照片提供「集品文創」

照片提供「集品文創」

房間中即使運用有花紋的壁紙，若配色上選擇較為沉靜的顏色，也不須擔心看起來風格太花俏或突兀。

　　藉此將我們想為空間呈現的樣貌具體化，可能是新潮與復古家具的融合或完全相反的主題。無論如何，每個人家中的風格不僅能展現出這些使用者的個性、專屬感之外，還能經的起時間的考驗。**一個好的設計，永遠都跟使用者緊密相連，才能不落於俗套，成為有靈魂的風格！**

03 當代風格與歷代風格，你欣賞哪個？

　　某次規劃一對夫妻的家，他們說喜歡日式無印的感覺，可是給我看的參考照片有些又好像偏向北歐風？這些風格到底該如何區分呢？以及日雜中看到的那些生活感風格，還能有哪些不同的表現手法？

　　早期的日本居家雜誌，最蔚為風潮的就是「ZAKKA 風」，也就是所謂的「日本雜貨風」。如同和風洋食，這是一種專屬日本風格的歐美鄉村風。後來大家漸漸又開始轉往無印，更乾淨簡約的方式。為什麼會有這樣的改變？其實一個新的風格會上來，都是基於對原有風格的厭倦。週期就是如果現在很簡約，接下來就會流行裝飾性高一點的手法；反之亦然，這點就跟服裝的潮流類似。

北歐風與日系無印風細節上的差異

　　為什麼會混淆無印風與北歐風呢？因為這兩者的基調都是木質、白色以及著重簡約的手法。但實際上，西方人與東方人的文化底蘊是不同的，所以仔細看就會發現其中的差異。

照片提供「集品文創」

照片提供「集品文創」

1. 日式的白是偏米白，用色更顯溫潤；北歐的白則更偏向純白，強調對比性。

2. 一樣是裝飾畫、花器或生活器皿，日本的款式會更小巧內斂；北歐則會更偏好大尺寸，或是照片牆的張力。

而同樣是北歐，又可分為現代家具與老件家具，各自有其擁戴族群。現在較常聽到的北歐品牌，例如：BoConcept、Muuto 走的都是當代款式，家具的顏色、線條，都與 30 ～ 60 年代，也就是所謂的「黃金年代」大師們所設計的風格不同。很多北歐老件的愛好者，會特地到一些專門收藏古董的家具店挖寶。

在日本也有喜歡北歐老件的屋主，但空間的表現上難免會透露出日本的美學觀點與血統，與歐美國家收藏老件家具的屋主，呈現出的整體氛圍能明顯看出文化背景上的差異。

我自己曾遇過喜歡「日本北歐老件風格」的屋主，在溝通的時候，他有種終於找到知音的心情，因為多數人可能很難理解什麼是「日本的北歐」。這真的要是對於居家氛圍有長期涉略的同好，才有辦法快速理解其中奧妙。

想知道老件家具長的是什麼樣子，以及更多的風格照片，可以在 Pintrest 上搜尋：vintage danish furniture（復古丹麥家具）。在台灣也有專門販售北歐老件的家具店，像是：Crosstyle、B.A.B Restore，或是臣爵家具都很精采。

O4 色彩與材質才是營造空間氛圍的關鍵。

讓空間巧妙放大的選色技巧：小空間可以使用深色嗎？

在我們的印象中，總會認為空間小就不適合用深色，會顯得更小！真的是這樣嗎？其實，深色空間對人的感受來說，具有沉澱的作用；相對來說，高彩度、高明度的紅色、橘色或黃色，反而會讓人的精神持續呈現亢奮的狀態，而無法好好放鬆。所以我鼓勵大家可以勇敢的運用更多深色，因為它能顯得穩重與安靜，讓心情和緩下來。

真正影響空間是否感到壓迫的，比起顏色，「光線」才是真正的關鍵。千萬不要忽略光線的重要性！在家中引入自然光，對我而言，永遠是零成本但卻最奢華的元素，它是讓一個空間充滿生命力的重要來源。每一天隨著光線的變化，所能創造出的風貌就像是一齣精采絕倫的歌舞劇，不同時段的折射與光影，能夠讓同一個環境有截然不同的色調與感受。

照片提供「集品文創」

　　讓我們想像一個沒有對外窗的小套房，無論是否牆壁是黑色或白色，對人的感受來說，都是封閉的。如果今天有一道對外窗，有自然光線灑進來，儘管是深色空間，給人的感受也一樣會是舒服的。

　　到了夜晚沒有自然採光時，運用溫馨的黃光，均勻的以幾盞桌燈、立燈去點綴，也一樣會帶給人安穩、溫馨的感受。同時，**深色本身帶有凝聚的效果，可以對比的襯托出家具或擺設。**

照片提供「集品文創」

　　但要注意的是，就像穿搭一樣，今天想將黑色穿得好看，也是有技巧的。如果上衣是柔美的黑色雪紡或蕾絲這種透膚的布料，下半身是洗舊感、帥氣的黑色丹寧褲，繫上黑色皮帶，並搭配一雙點綴古銅色鉚釘元素的黑色高跟鞋，最後戴上黑色墨鏡、並拎著一個黑色皮質的手拿包。雖然超過90%都選擇了黑色，但不同的材質、剪裁與版型，都能顯現出層次感。

　　空間也是，黑色的牆面可以搭配木質調的元素去點綴壁面，例如：線板、橫樑或窗框，都會很有質感。家具的材質跟顏色，也會隨著各種變化而營造出截然不同的樣貌。關鍵並不在於能不能用深色，而是你能否妥善的運用深色。

大地色搭配局部黑色，質感大提升

可以選擇大面積是大地色系，也就是：咖啡色、奶茶色、駝色、米色等為基礎。另外再加入 1/3 的黑色系，這樣的方式不僅會使空間的明亮感提升，一樣有黑色的優雅與內斂做搭配，也是非常有質感又不易出錯的方式。

選擇同色調或白色系，一點也不無趣

前一個大地色系搭配法，其實關鍵就是「同色調」，或「類似色」的搭配，這是成功率非常高、也很耐看的方式。可以將主色大地色，變換為：藍色、綠色、灰色或粉色，藉由不同深淺的層次堆疊，就像白色也會因為不同的材質而產生不同的光澤與質地，因此產生差異，不用擔心如果都是類似或單一的顏色就顯得無趣。

材質上善用自然紋理，例如：各種不同花紋的石材、帶有磨損感的皮革、質樸感的木材、柔軟的羊毛和亞麻布，多種變化的組合都可以讓居家布置家更多的趣味性。以台灣本身的環境來說，也鼓勵大家善用更多異材質去互相結合。

空間所運用的色系不用多，但材質千萬不要少，才能創造出豐富性。但謹守一個原則，顏色流動於 2 ～ 3 種內，運用不同的深淺色階，變化出更多層次。

圖中就是採用同色調布置的作法，氛圍相當柔和且溫暖。

照片提供「集品文創」

照片提供「得利塗料」

POINT
3

讓人印象深刻的對比色

　　如果你喜歡更鮮明、有記憶點的配色，那麼非「對比色」莫屬。對比色，是相較於「類似色」來說，更活潑的用法。例如，藍配黃、黃配綠、綠配紅、紅配黑、黑配橘等，都是很經典常見的對比色搭配方式。但有一個非常重要的關鍵，就是千萬不要以 1：1 的比例運用對比色，風格會過於強烈。

　　理想的方式是 7：3 或是 8：2，讓對比的兩種色系有主角與配角的關係，才能真正的「襯托」彼此，而不是「互相較勁」。正所謂一山不容二虎，不只家具、燈具要遵循這樣的法則，配色也相同，至於要選哪一個顏色當主角，完全依照個人的喜好。

　　以藍配黃來說，如果主角是藍色、配角是黃色，藍色整體是比較中性、冷調，所以運用大面積的藍色，再以少量的黃色襯托，空間整體還是比較內斂的；相反的，把黃色當主角、藍色當配角，整個空間的調性就會轉換為鮮豔、熱情的暖色調。

POINT 4

跳色的用法與觀點

所謂跳色，就是上述對比色的延伸用法。跳色不一定是「對比」色，如果整個空間都是白色，而其中一面牆選擇了灰色，同時沙發也選擇了灰色，這樣兩個灰在一整面白色當中，一樣會「跳脫」出來。

而這樣的方式，當然可以自由發揮於任何你所喜好的顏色。然而掌握「跳色」是否成功的關鍵，在於「呼應」。也就是前面提到的：假設選擇其中一面牆壁使用灰色，那麼就得另外搭配一個同樣是灰色的家具來相呼應，才不會顯得那面灰牆跳的很突兀。

同理可證，假設今天整個空間走灰色調，但窗簾卻選擇了橘色調，此時就可以再搭配幾個橘色的抱枕，彼此有所呼應。這樣當人走入這個空間的時候，就會非常明確的感受到灰色與橘色之間的互相跳脫，成為亮點。

POINT 5

天花板適合刷色嗎？

這個問題建立在，房子的空間高度。如果天花板不超過二米五，想要刷上深色或與壁面跳色，相對有條件上的限制，容易讓視線變得有壓迫感。所以大部分的情況下，都建議天花板以白色為主，甚至如果是本身空間不夠高的情況下，不僅天花板要刷白，也可以運用另一個留白技巧，這個方式前面 P.126 有提到，會讓我們產生錯覺，有天花板被挑高的效果喔！

省空間與實用最大化的小技巧

壁燈

　　進入臥室時，不一定會將天花板的燈全開，可以善用這樣的情境燈幫助自己進入放鬆模式。假如空間有限，那麼就盡量往壁面上發展，讓壁燈取代桌燈，這樣一來桌面的空間就可以擺放其他隨手的物件，達到物盡其用的效果。

照片提供「集品文創」

床頭層板取代邊櫃

　　接下來是假設空間尺度更小，擺放一個 45 ～ 60 公分寬的櫃子都覺得占空間，就運用小層板來取代，一樣可以把手機、眼鏡或隨手的杯子放上去，特別適合小套房或租屋空間這樣做。

櫃內善用抽屜取代層板

衣櫃或置物櫃在規劃的時候，如果是運用系統櫃或木工方式製作時，可以儘可能多增加幾個抽屜取代層板，尤其是深度超過 45 公分以上時，當衣櫃的深度在 60 公分左右，層板做比較多的時候，因為上下間距窄，又有深度的情況下就會很不便於拿取，東西也很容易因此亂塞而造成雜亂，久而久之就成了一個混沌的區域。

別浪費馬桶上方的牆面收納

前面章節中提到，浴室可以善用鏡櫃做收納之外，馬桶上方也是對於空間狹小的屋主來說不能浪費的地方。建議增設層板，有門片式的櫃子反而會造成壓迫。可運用小收納籃把雜物有條理地收整齊，再擺上一兩盆黃金葛、乾燥花或水耕植物，增加視覺的綠化。

05 不可忽視的色彩細節，大幅提升質感。

衣櫃內的衣架樣式統一

　　這是一個很重要的小細節。如何讓衣櫃、衣帽間看起來整齊、有質感，切勿將各種材質、尺寸、樣式的衣架擺在一起。因為服裝本身的顏色與款式就已經很複雜，此時更需要藉由衣架來替視覺整合。材質上，一定會選用木頭或是金屬材質，提升質感。至於陽台曬衣服的衣架我會採用白色的塑料材質，因為收衣服的時候，有時動作比較大，傳統的衣架很容易會拉變形。同時，專門用來晾襪或貼身衣物的夾子，我選擇的是不銹鋼材質，畢竟風吹日曬，用便宜的塑膠夾子很容易脆化，不時需要更換，不如直接買好一點的不銹鋼材質，一勞永逸之餘又提升視覺的美感。

金屬、布質或藤編取代塑膠收納籃

　　大部分的人現在都知道，要善用收納籃替空間做整理，不論是小孩的玩具、衣物或其他的生活小雜物，但材質的選擇，會建議不要一昧的使用塑膠收納籃。原因很簡單，一樣是「質感」的問題。塑料類的收納籃，可以放在櫃子內，同時也可貼上分類的小標籤，讓你能快速辨識籃子裡的物品。但如果這個籃子是放在櫃子外、一眼就能看到，則可選擇金屬、布質或現在非常流行的海草編織籃，質感都很棒、造型美觀，不僅具有收納作用，本身就是空間的小裝飾呢！

開關插座面板的替換

　　假設今天裝修的費用有餘裕，那麼可以考慮把開關的插座面板全數更換為更有細節的款式。例如 Panasonic 的 GLATIMA 系列或鹿麓復古五金專門店，就提供皮革結合黃銅材質等不同選擇。當然價位也不便宜，整間換下來所費不貲，所以也可以考慮只有重點式更換，其他比較不顯眼的開關採用基本的款式即可。

減少腳踏墊的使用

　　我個人會盡可能減少腳踏墊的使用，雖然實用性上當然有其必要性，可是就整體空間的美感與色調而言，容易產生一塊、一塊的雜亂感。所以我通常會反其道而行，習慣把腳踏墊放在浴室內洗手台前，或是浴缸、淋浴間前面。洗完澡時，你的腳已經先吸乾水分才走出來。至於廚房的位置，通常是獨立的一區，若是開放式，就會有個中島擋住你的視線，此時放上腳踏墊也相對合適。

照片提供「集品文創」

擺在外面，容易視覺阻隔，建議放進浴室裡。

照片提供「集品文創」

不要把抱枕放在沙發的頂端

　　有時看到一些影片或是住家，會因為抱枕數量太多，而把抱枕堆在沙發的頭靠處，這樣確實不太美觀，如果抱枕數量較多，不妨試著斷捨離，或是運用換季的方式替換抱枕套即可。不要將滿滿的抱枕全部放在沙發上，又不好好的歸納，讓原本的裝飾變成了視覺殺手，十分可惜。

　　而顏色的選擇上，可以先以素色為襯底，再挑選局部有花紋的抱枕點綴，增加整體視覺的層次，但切記，不要一次放上各種不同花紋的抱枕，產生畫面不和諧的雜亂感。

廚房與浴室的五金、配件，記得統一顏色

　　這是另一個我很重視的小細節。金屬通常分成四大類色系：銀色、亮金色（古銅）、玫瑰金、黑鐵。如果可以，我不會讓銀色與金色同時出現，但並不是使用金色時，就金光閃閃的連成一片，**而是要巧妙的運用黑色金屬作為調節。簡單來說，可以採用：黑色 > 金色 > 銀色。**

　　金色與銀色同時出現在一個空間時，會自然建立主副關係，銀色會瞬間成為配角。但黃銅色和玫瑰金就千萬不要混搭在同一個畫面，因為這兩種金色的亮麗程度不相上下，就會違背所謂「一山不容二虎」的情況。可以選擇亮金色搭配古銅金，這兩者屬於同色調，或全部只採用玫瑰金。

照片提供「集品文創」

壁面上出現的五金掛勾都以黑色為主，不論與什麼色調搭配都沒有問題。

　　選定你要的金屬色後，再運用黑色調節拿捏，讓金色的存在不要超過空間 1/4 以上的比例。因為當全部的金屬都運用金色時，容易會顯得俗不可耐。金色，本身是「點綴」，適當地納入會成為加分「亮點」，但如果運用太滿就會過度搶眼，顯得反客為主。

CHAPTER

3

案例分享
屬於他們的療癒空間

每一個家都展現出屋主獨一無二的品味，精選七個不同樣貌的案例，各種不同的軟裝與硬裝需求配置，重新建立夢想中的空間。

CASE 01

輕快明亮
公主先生美睫店

軟裝 90
硬裝 10

屋主生活需求

原本的工作室是一間小套房,雖著生意越來越好,想讓老主顧能在更好的空間下享受服務。搬去大約三十幾坪大的開放空間後,擺設幾張美容床,中間用簾子隔起來,將三個小房間改造成貴賓室。因為預算與時間有限,希望在最短時間內開始營業,所以軟裝的占比最多。

屋主風格喜好

　　這個案例幾乎是以純軟裝的方式改造,拆除原本前身為辦公室的暗紅色壁紙,換成了輕亮舒服的淡雅湖水綠,這個顏色也是源自於美睫店原來的形象色。

　　保留原本的木作、地板不變,維持淺淺的木頭色系,運用布幔增加空間的柔美與流線感,色系也是圍繞在湖水綠、淺褐色,讓空間整體的視覺是很有連貫性的。

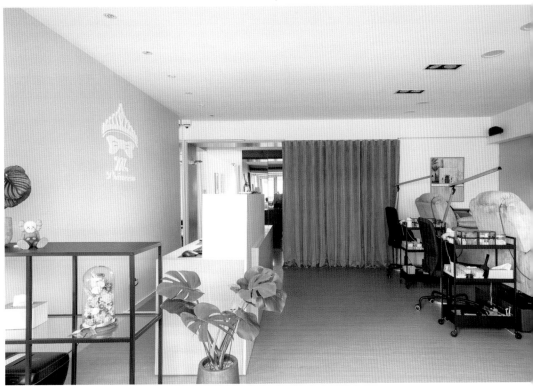

　　休憩區搭配優美線條的吊燈,柔和的光線讓空間增添暖意,也能產生視覺上的聚焦。並運用少量的黑色去增添質感,這點也呼應前面章節所提到的,在淺色空間中適度加入一點黑色,不僅不突兀,還會讓視覺上更有重心。

　　抱枕我挑選了素面與花俏的風格混搭,讓空間裡增添一些趣味性。另外運用玻璃材質的茶几檯面,除了在小空間裡讓視覺穿透性更好,也與壁面上的掛鏡在材質上相呼應。

　　很多人常會遺漏燈具的重要性,這邊除了吊燈之外,我另外再加入落地燈輔助,讓光源能夠既明亮又柔和,也藉由燈具的材質與線條增加空間的表情,多運用燈具在空間裡點綴,是不太會出錯的選擇。

　　最後，運用綠色植栽點綴在不同的區域，有了花草點綴的空間就會瞬間活絡起來，讓來到這邊的客戶感覺到放鬆又自在。

CASE 02

簡約基底
Carol 的新家

軟裝 80
硬裝 20

屋主生活需求

新家當初購入時，已是有做過基礎裝潢的，是五年的新古屋。但天花板的部分發現先前的裝修有些結構不足之處，以至於天花板的水平是肉眼就可以看出來有小變形。也因為我很喜歡空間中有吊扇的存在，再加上先生也想在餐桌區增加吊燈，所以索性把客廳天花板拆掉重新配置。

屋主風格喜好

整體為中性簡約基調，客廳以黑色和白色為主。而主臥則是大面積以深淺不同的大地色系、米色系為底，搭配鮮豔搶眼的壁紙作點綴。

家中另一個大工程，則是原本落地窗的部分，也直接換成景觀窗。差異是景觀窗可以整面完整打開收納在牆邊，滿滿的山景視線不會被原本的窗框分斷而感到可惜。除此之外，當窗戶完整「隱形」時，陽台的空間也會直接和室內連成一氣，瞬間放大了好幾坪。儘管景觀窗的造價不便宜，但反推這些陽台坪數的房價來對比，就更值得更換。

　　除了前面提到的大工程，剩餘的都是靠家具、窗簾、燈具、地毯等軟件搭配。很多人會好奇，設計師夫妻檔一起執行一個空間時，會不會意見相左？當然會啊！我們的方式不是猜拳決定，而是會劃分區域。例如，主臥室規範在我的空間，書房則就完全規範在老公的掌控，小孩房歸我主導，餐廳區又分給老公發揮。而最大面積的客廳，則是經過來回的推演、互相提案再擷取雙方都同意的環節，一點一點融合而成。

　　其實設計師做自己的家反而是最耗時的，想法太多，沒完沒了。但因為是自己的家沒有完工日期的壓力，所以真的會一再推翻先前的版本，直到在腦中所架構的畫面感到心滿意足了才肯罷休。

　　這間房子原本建商所附的實木地板就是白色，而且因為是德國建築師，他們刻意挑選的是有剝漆感、有使用痕跡的款式，我們夫妻倆是滿能接受的，但我知道有的鄰居是拆掉重做。這部分單純是個人喜

好的差異，有的人還是偏好「嶄新無瑕」的狀態。至於壁面，前屋主
是刷上非常淡的粉色，雖然好看，但我們還是選擇將它全部改為白色，
讓空間有更明亮通透的效果。客、餐廳家具是以黑、灰、白、淺褐為
主，牆上掛了一幅幾乎滿版的畫作。

這是來自一位韓國藝術家的作品,他的特色就是人物都會「遮眼」,尤其是剛好這幅人物是我很喜愛的小王子,看到的第一眼就覺得心動不已。

　　這幅畫對我們而言,是第一次真的花了蠻高金額所收藏的藝術品。也因為這個過程漸漸可以理解願意花百萬以上收藏畫作的心情。每個人的價值觀不同,有的人喜歡收藏名車、名錶、珠寶,也有人喜歡收藏字畫、雕塑或對他來說具有意義的物件。我覺得不論是什麼,只要是能夠讓自己感到心情愉快的,就是最好的收藏。

▌主臥室

　　前面曾提到，一個空間可以完整反映出一個人的內在世界。就像有人曾說：「越貼近自己身體的那件衣服的顏色、款式，越代表一個人內在情感的投射。」主臥室以淺褐、米色、燕麥色等淡雅色調為大面積底，但床頭的壁紙則是非常大膽又狂野的鮮豔花卉，這塊壁紙是先生挑選的。比較特殊的是，它並非一般典型的花草圖案，而是多加了幾道不按牌理的刷漆筆觸，頗有幾分當代藝術的色彩。當然，還有一個原因是它有現貨，這也是裝潢過程中要面對的現實。所以最後能夠出現在家中的每一個物件，除了精心挑選之外，也都和屋主有更深厚的緣分呢！

屋中的大亮點，當然是那把愛心椅，第一次看到這把椅子時，已經是將近 18 ～ 20 年前，那時就覺得這把椅子太可愛，還是學生的我，完全沒想過有天會擁有。當這次買下房子時，又無意間遇到這把椅子，下定決心讓它成為自己每天醒來見到的第一道風景。

　　主臥衛浴、衣櫃區的部分，直接以藕色調布幔做修飾，讓視線不會延伸到那麼多複雜的線條跟區域。同時運用織品的特性，讓臥室這種能夠沉澱自我的空間，多了一份舒緩的元素。

　　綜觀來看主臥的空間，雖然用色大膽鮮明許多，但依舊是以淺褐、白色為大面積，再運用紅色相關色系綻放異彩，做出主角與配角的比例。同時讓臥室雖然看似奔放熱情，但又不至於過分炫目而難以放鬆。

▌小孩房

　　女兒現在正值公主夢的三歲，雖不是每個小孩都這樣，但她就是典型從頭到腳都要粉紅色、桃紅色的小女孩。這讓爸媽實在有點汗顏，我們每天跟她明示暗示「用襯托法好不好」、「不用全身粉紅色呀」，但還是拗不過她。所以小孩房的天花板當然是投其所好，選了粉紅色。但也基於她年紀還小應該不會發現，所以床架、家具跟衣櫃還是選用白色、淺灰、木頭色去平衡。

　　床頭的窗簾則是我跟先生據理力爭來的，原本打算做風琴簾也非常好看。但有天我發現這間的採光是家中最棒的，如果裝上風琴簾就會固定擋到部分的採光。所以當下就轉換想法，改成用布簾。當白天光線最好的時候，布幔就拉到床頭後方變成公主床的布幔造型，晚上要睡覺時再拉回去遮住窗戶，是我自己很滿意的小細節。

▌書房

　　這是我當初決定要買房的關鍵空間！美其名書房，其實就是先生打電動的房間，真心認為有這個房間兩人的婚姻才得以繼續走下去。人真的很需要有獨自放鬆的區域，就是再相愛的兩人，天天互看總是會有不順眼的時候，現在多了這個空間，讓彼此多了點距離而產生美感。這間當然就讓先生自己處理完全不過問，他選擇較有個性的黑色家具，牆壁再刷上藍灰色，簡單俐落但又不失特色、不落俗套的搭配，確實沒讓我失望。

CASE 03

極致裝飾
丹妮婊姐的復古魂

軟裝 70
硬裝 30

屋主生活需求

我執業以來做過最燒腦的一場，大概是非丹妮婊姐的家莫屬了。丹妮婊姐是一家四口生活在一起，家人有囤物的習慣，本人也因為職業關係，會收到數量驚人的公關品，因此收納機能為優先考量。

屋主風格喜好

　　整體而言，婊姐熱愛所有古典美的室內空間，喜歡各式線條與大量的圖騰、花紋等，特別是維多利亞時期或 1950 年代的美國。當時她以美劇《后翼棄兵》作為範本，同時也給了我一位美國知名的表演藝術家 Dita Von Teese 的家作為靈感。後來我整合歸納出兩種概念：一個是電影《幸福綠皮書》，一個是源自於十七世紀「Chinoiserie」這個風格。

　　所謂 Chinoiserie，如果參考維基百科的翻譯是稱作「中國風情」，但其實具體來說是「東洋風情」，因為它並不是真的全部以

「中國」為元素，單純是當時歐洲人對於亞洲的神祕感所自行延伸的風格。也就是說，Chinoiserie 其實是歐洲人對於「亞洲美」的詮釋，它結合了洛可可風格元素，若以更鮮明的語彙來形容，則是大量運用青花瓷的元素，是一種高度繁複的裝飾風格。我自己本身也是 Chinoiserie 風格的擁護者，所以當我看到娸姐提供的照片時，心裡大概就有個底，她喜歡的是什麼。

　　婊姐的家雖然以 Chinoiserie 與《幸福綠皮書》為藍本，兩種不同年代的復古分別運用在書房、臥室與客餐廳和小起居室，但運用上略有所收斂。因為空間本身的基礎條件仍然極具關鍵，如果要 100% 還原 Chinoiserie，需要更多的基礎工程去打造，才能做出那樣的細節。儘管如此，當有一天婊姐在完工後的幾週後傳訊息告訴我，她現在真的覺得很幸福，能住在一個這樣的空間裡，被自己喜愛的風格所包圍，算是完成了她的夢想。我心中便覺得，那段日子的龐大壓力也隨著煙消雲散。

　　在細節的部分，運用了一定數量的黃銅色，還記得前面章節提到金屬色的運用，除了玫瑰金與黃銅不要混搭之外，要也適度運用黑色金屬去調節，如果大量的運用黃銅，反而會讓原本加分的元素過於氾濫而顯得膩。

另外，硬體部分占比並不多，但在這個基礎空間為透天厝的結構裡，還是會有許多需要修飾或遮蔽的部分，例如窗型冷氣。由於房屋地點位於氣候較為潮濕的地方，因此放棄了貼壁紙的方式，改成以油漆跳色和運用了大量布幔去呈現，一方面符合年代感，二來也可以讓空間的視覺更柔和，這是當空間想要快速達到一定效果時，非常實際的方式喔！

由於繁複風格的設計，若是做到滿，會因各種不同的紋路和線條造成視覺上的壓迫感，因此壁面盡量保持單色，捨棄了布滿花花草草的壁紙，而轉換至地毯和抱枕的樣式上。

CASE 04

復古時光
強大收納的懷舊風

軟裝 60
硬裝 40

屋主生活需求

屋主一開始就表明，因為不確定預算是否有餘裕做更多裝修，因此硬裝部分只把「必要」的部分完成即可，剩下的還是以軟裝為主。

屋主風格喜好

最後我們提供的，仍是視覺上更多的細節。因為評估過後，發現總預算是可以更有彈性的運用，尤其很多時候大眾都誤解了「簡約」風格的精髓。

真正的簡約，還是需要有豐富的材質去堆疊，只是色系上會做極大的簡化，比方除了黑、灰、白這三個「無彩」色之外，只添加一種「有彩」色，那看起來一樣會覺得很放鬆，但又不至於過於單一。而如果你的空間要完全走「無彩」色時，材質又沒有太多變化，至少家具選擇上就要特別講究了，不然「極簡」和「陽春」有時真的是一線之隔。

　　這個案子運用的綠色，非常具有懷舊感，所以我自己稱這個案子為圓舞曲。呈現暖暖的舊日時光美好風情，有些內斂、有些含蓄，但又不至於無聊乏味。

　　由於廚房的空間較小，放不下太多電器，所以在格局上做了調整，設計了一排流線型的造型櫃和餐桌結合。門片採推拉的方式，完整地將電鍋、烤麵包機等常用的家電藏起來，簡化眼睛所接觸到的物件比例。並運用直線的延伸與圓弧的角度，賦予空間更多俏皮的感覺，這也是如何在簡單中注入小細節的心法。

　　這間臥室的窗戶有兩邊，雖然採光十分充足，但有可能會影響到屋主睡眠。如果兩面都採用相同型式的窗簾遮光，整體會略顯單調。因此，床頭運用俐落且通透的風琴簾，另一側再以柔和安穩的布簾呈現，可依照使用需求和隱私性調整窗簾的位置，使用上相當便利。

　　右圖中就是造型櫃展開與關上門片後的模樣。門片打開時，還能當成家飾品的展示區，放上花瓶或是自己的收藏品。門片關上後，從外觀上完全看不出來裡面隱藏著強大的收納機能，是一個相當精巧的設計呢！

CASE 05

精緻幹練
機能完整的單人套房

軟裝 60
硬裝 40

屋主生活需求

這個案例應該是我們操作過坪數最精緻的一戶，麻雀雖小五臟俱全。屋主的訴求是：由於她大部分的時間都不在台灣，是想偶爾回來有個地方可以待，不想每次都住飯店；另外未來也可能會作為長租用途，提供熟識的朋友來台北時多一個選擇。

屋主風格喜好

屋主是一位個性海派又幹練的女性，因此色調上偏好中性的鐵灰色、深色等。想呈現比較有個性但又不至於過於陽剛的路線。

基於室內空間有限的概念下，做了不少半開放式的收納規劃，包含衣帽區也是以灰色紗簾作為隔間，取代封閉的門片。目的是讓視覺有所延伸；而窗簾則採用可上下移動的風琴簾。**風琴簾最大的特色，就是有別於一般捲簾或百葉性質，只能由上往下單向式的遮蔽，風琴簾可以隨機的停在窗戶中間。上下可以透光，但中間的部分擋住，就**

能保有主要的隱私感。這樣的特性尤其適合棟距很近的大樓,才不會出現打開窗簾就直接看到別人家裡,但拉上窗簾又完全沒有照明的窘境。

房間以不同深淺的灰色疊加,就能變化出暈染般的層次。梁柱之下、牆壁與窗戶間的畸零空間,設置了層版,讓屋主可以擺放睡前閱讀的書籍或手機,將空間運用得淋漓盡致。

　　另外，因為空間有限，運用投影機取代電視。書桌常態會需要擺
放電腦的情況下，如果要再擺一台電視，肯定會顯得過於侷促，所以
只要善用一面牆，就能達到相同效果，而這樣的方式看電影反而更有
情調呢！

　　色系部分，前面提到是偏中性再往冷色調一些，在這樣的概念之
下，我會運用比較多的木質元素去平衡冷色調帶給人的孤寂感，畢竟
這還是一個「家」，終究要讓它更舒服一些。但這也是看個人喜好，
有的人就是喜歡整間全黑，對他而言可能足以沉澱心靈，只要屋主能
夠接受，那我們扮演的角色就是做到讓裝潢整體上更協調，就算是盡
完成任務了。

CASE 06

沉穩氛圍
一家的溫馨時刻

軟裝 60
硬裝 40

屋主生活需求

這個案例的使用者是一家三口，屋主期待的是帶有一些新古典元素、線版的呈現，但整體還是偏當代的審美，因此在線條做上了比較多的簡化。收納是最關鍵的部分，因為屋主本身很熱愛為生活添購各種美好的物件，同時小朋友的繪本、玩具、衣物也比較龐雜。這些都是蠻嚴苛的考驗，如何在一個有限的空間裡，存放較大量的物品但又不只是一昧的做櫃子。

屋主風格喜好

在討論的過程中，屋主主動提出想嘗試墨綠色的窗簾，這是一般人比較少會主動選擇的色調，由此可看出屋主可以偏好沉穩、深色系的色調。

我們幾乎是將每一道牆面都作為這個空間的收納區，並非做隱藏式的儲藏間，而是直接把門片以百葉形式勾勒出線條，藉由這些紋路

為空間的美化增添細節。廊道的部分，往往是一個空間裡最浪費的地方，因為除了過道之外就無其他作用。所以除了貼上灰鏡藉由反射的方式來放大視覺之外，同時間結合書報展示架的作用，增加實用功能。

整體色調，也是以比較沉穩的色系為主，深灰、胡桃、焦糖，再揉合迷人的藍灰色。窗簾的部分，客廳採用墨綠色，並搭配網格較大的白色紗簾增加立體感。電視牆則是使用系統櫃的板材，以仿大理石紋路的色系呈現出不規則的黑灰交錯、注入層次。

　　小孩房，則是空間裡色系最活躍、活潑的一區，儘管是粉嫩用色，也仍然保有我們一貫的原則：運用中性色調去襯托，才不會顯得過於甜膩刺眼。另外規畫一區專屬的小小閱讀區，小朋友特別喜歡祕密基地一般的洞穴感，會像是還在媽媽肚子裡有被保護的安心感，我自己也特別喜歡這塊的設計呢！

CASE 07

奢華簡約
質感女子的放鬆空間

軟裝 50
硬裝 50

屋主生活需求

屋主是一位女企業家，平時工作非常忙碌。下班後放鬆的方式就是泡澡，因此非常注重浴室空間的營造。除了賞心悅目的浴缸、浴缸架之外，舒適柔和的燈光也很重要。也為室內空間夠大，所以在主臥室中也設計了完整的系統更衣室，能完整收納衣物、包包、鞋子等。

屋主風格喜好

單純以色系來看，採「無彩色」為主，材質的部分就需要更多元化的運用。因為屋主偏好簡約，所以不會出現太繁複的設計。但像這樣的大坪數空間，如果真的乖乖遵守「簡約」風的原則，可能有些可惜，就像參加晚宴總需要一身華美的衣裳襯托，才能在恢宏的空間裡不被埋沒。

　　這個案例，是我們執業以來總金額最高的一場，超過千萬。主要是因為房子是從毛胚屋開始做起，全部的隔間、浴室都是重新建立的。此外，可以看到運用了比較多天然大理石包覆壁面，先將基礎撐起來。前面章節中也曾提到，如果是比較大坪數的空間，家具的配置上並非單純的增加數量，更重要的是將家具比例放大，才不會顯得過於瑣碎，整體才能顯得大方俐落。

　　像這樣的案例，如果空間基礎不想做的太複雜、太華麗時，就需要靠更多具有特色的燈具、藝術品襯托，才能展現出不凡的姿態。燈具的部分，挑選了一盞星光造型燈，比例夠大才能與空間達到完美平衡。而簍空的設計不至於讓它顯得笨重、有壓迫感，這盞燈真的是這塊區域中最棒的亮點。

　　餐桌也有內嵌燈光，光線透過不規則的結晶處閃耀光芒，互相輝映之下，產生了更美的層次。餐桌旁選擇的畫作，正好是一個小女孩拿著望遠鏡欣賞夜色的情境，一切都巧妙的一氣呵成。

　　這個案例執行時還有另一個小插曲，原本要安裝壁燈的位置，屋主後來改變了心意，這是很常見的狀況。基本上也沒有太大影響，只是單純思考著，那還可以怎麼運用？因為線路已經牽好，必須要想辦法遮蔽，原本選擇壁鐘想著可以遮住出線孔，沒想到實際上還是差了那麼一點，比重看起來也不太對。最後，是屋主無心插柳另外購買的一款鐘，只有機心跟指針的設計擺上去之後，反而成為渾然天成的一座大壁鐘，這樣的發展也非常有意思。

　　而這些都是裝潢改造過程中，最珍貴的環節，有時事情就是不會如你預期的發展，但若能將危機化為轉機，反而創造出更大的驚喜。

營造療癒感空間的訣竅

在某次的商業合作中，家具店問了關於療癒感空間應該如何打造？我覺得這是個不錯的議題，於是將那次的對話記錄下來，與大家仔細分享。

1. 首先定義何謂療癒感？

因為空間的整潔有序、空氣中的淡淡香味或軟綿綿舒服的床單，所帶來的放鬆心情，甚至讓你不自覺的微笑，都是種療癒。

照片提供「集品文創」

2. 認為家中最能代表療癒的區域是哪裡？

就我而言是臥室，因為那通常是我完成一天待辦事項後，才會去的空間、也代表最輕鬆的時刻。每個人都可以找出對你來說療癒的空間，例如我老公，就是他的電動遊戲間。

3. 收納結合美感的秘訣？

　　開放式的陳設必須講究材質、色系的整合，不適合直接外露的像是整袋的衛生紙、飼料或寶寶的尿布就要往儲藏室或櫃內收，這點也是前面我不斷耳提面命的一環。

4. 如何掌握療癒的核心呢？

　　可以分成三個方向切入。首先，我認為屬於療癒系的單品有：花草、燈光、香氛。而大面積的牆色，每個人對色系的好感度不同，以我個人則偏好白色、淺駝色、淡粉色。最

照片提供「繆香」

後，可以再添加一些對你來說，具有情感意義的小物，可能是照片也可能是旅行中帶回的小物，而這類型的小物，很適合運用托盤或是小層架，放在書桌上或是床邊櫃，就不會顯得凌亂。

5.會建議如何打理生活空間比較舒適放鬆？

我採用的方式是色系上盡可能單一，並不是說家裡都不能有色彩，而是放眼所及的大面積顏色，會盡可能的控制在白色、淺褐色、木頭色，這類不過於搶眼的色調，當然，你還是可以在牆上增加色彩繽紛的畫作、也可以挑選兩、三個有圖騰的抱枕，或是不定期為家裡添束鮮花，這些都不需要花大錢，也很輕鬆就能做得到。

照片提供「集品文創」

6.打造療癒感居家可以如何開始？

以大部分人的家裡狀況而言，通常需要的是「簡化」的環節，因為當空間中堆放太多物件時，心情很容易感到煩躁，所以我自己每半年至八個月會做一次大整理，如此一來，其餘時間就是每天只花 10 分鐘，就可以讓居家環境一直輕鬆維持在最好的狀態。

7.針對居家辦公，有什麼特別的建議嗎？

　　就我個人而言，最重要的是保持桌面的乾淨，讓我能夠專心在工作上，所以會善用配件將文具與小雜物分類收整齊。以及當我開始工作前，我會點上香氛蠟燭，那是一種儀式感，就如同有的人要一杯咖啡來啟動自己一樣。但也曾聽說桌子越亂的人做事效率越高這樣的說法，如果這是對你來說特別有效的方式，那就是好方式！

照片提供「集品文創」

照片提供「集品文創」

照片提供「haoshi 良事設計」

CHAPTER

4

Carol 的選物哲學

除了從日常對生活的感受中培養自己的美學，也
能進一步了解經典的藝術風格如何演進。

不論是平價、中價位還是高價位的物品，都有它
們存在的價值，每一個設計創作，都是源自於對
美好事物的細微體悟。

01 不可不知的名家大師。

　　宏觀來談風格這件事情，就得從西方建築史作為開端。不能否認西方的審美，不僅影響了西方更影響了全世界。整個西方建築、藝術到室內風格、家具款式的開端，是以古希臘與古羅馬為起點，接續的是文藝復興時期，再變化到巴洛克、洛可可等大家比較有具體畫面的建築印象。接著經過很長一段時間的持續演進，但都偏離不了這類繁複裝飾性質的建築或裝潢風格，一直到第二次世界大戰後，才有真正鮮明且劃時代的轉變。

　　1920 年，開啟了德國的「包浩斯（Bauhaus）」。「包浩斯」原先指的是德國一間建築學校，但後來延伸為一種建築流派或風格。也就是所謂「現代風格」的開端。此時的家具，屏棄掉浮誇的雕飾或鑲金包銀的材料，與我們身處的現在，在家具的款式以及所認知的審美觀也更接近。

　　前面提到，「室內設計」一詞是 1930 年才正式出現，那個時期的家具款式、室內風格都處在大幅更新的狀態，而美國與北歐也紛紛同步走向新世紀，許多大師等級的設計師、建築師，便是在這個時期崛起，並於 1940 ～ 1960 年發展到高峰。而我們現在所說的「現代風格」，精確應該稱作「當代風格（Contemporary）」更為恰當。

具體來說所謂「現代風格（Modern）」的時期，若以建築或室內設計的範疇來看，意指的是二戰後由古典轉為現代風格，於 1920 ～ 1930 年，也就是包浩斯興起的那個階段。

那個時期的建築師，通常都擅長設計家具，比起建築，他們更像是被耽誤的家具設計師。而提到家具設計，當然不能錯過丹麥的幾位設計大師。

設計名師的經典作品

芬 · 居爾
Finn Juhl

是第一位將丹麥當代風格引入國際的知名設計師。1940 年，芬 · 居爾的第一張座椅，也是最經典的作品——《鵜鶘椅》（Pelican Chair）問世，為紐約現代藝術博物館 MOMA 所珍藏。其造型至今看來仍然覺得是神作，完全沒有絲毫過時的感覺，相當獨特前衛。

Pelican Chair

漢斯 · 韋格納
Hans Wegner

最廣為人認識的就是那張《Y chair》，是以明式家具（明式家具是指自明代後期至清代前期，以深色硬木為材料所製作的家具。）為靈感，加以改良簡化，並融入不同材質，造型簡約之餘也非常符合人體工學，在許多咖啡廳都會出現。

Y chair

伯格 · 摩根森
Borge Møgensen

摩根森實現了「讓每一個丹麥人都買得起高品質家具」的理想，經典的《Hunting Chair》是和朋友相聚時突然得到的靈感；而最著名的《Spanish Chair》如其名，便是由西班牙休閒椅當中得來的靈感，捨去了繁複裝飾，造就經典傳世的線條。

Hunting Chair

阿納 · 雅各布森
Arne Jacobsen

　　知名的經典椅，如《Egg Chair》、《Swan Chair》優雅的線條也讓人一眼就愛上。而《Ant Chair》的線條也是至今仍不敗的超實用款，標榜機能主義，完全實至名歸。

Swan Chair

Egg Chair

　　上述這四人，在當時並列為丹麥四大經典設計代表，算是北歐版的江南四大才子。

查爾斯與雷 · 伊姆斯
Charles & Ray Eames

　　這對來自美國的夫婦，亦是二十世紀最有影響力的設計師，活躍的領域涵蓋家具、建築、影像與平面設計。與其他很有奉獻精神的設計師有著相同的理念。二次大戰後，因為物資缺乏以及工業革命來臨，讓家具與室內裝修產生非常大的顛覆。那時開始，大家更講究的是實用主義，不論是歐洲或美國，讓家具成為一種人人可負擔且好看、耐用的款式，是那個時代下大家共同的心願，設計師們也不斷思考著該如何創造出大眾都有能力購買的好設計。

　　塑膠剛好是那個時代的新產物，也是他們當時認為非常好的新選擇。塑料設計家具，一樣能符合人體工學、線條好看，並且平價、耐用，又可以大量堆疊便於收納，是讓每個家庭都能得到最大幫助的家具材料。他們最經典的款式，大家一定都見過，尤其是《DSW》與《RAR Rocker》這兩款，更是在台灣的大街小巷都能見到其身影。

DSW

RAR Rocker

LCW

關於木頭材質，這對夫妻又有另一個成就亮點。是於 1945 年，以多個複合曲線的模壓合板（Molded Plywood）所製作出的《LCW》椅，經過反覆嘗試、改良後的新技術，不僅解決木質堅硬容易產生久坐不適的缺點，在木頭結構的接合處夾進橡皮後，讓整體的強度增加，使其更耐久之外，同時讓坐感增加了彈性，曲木從 2D 視覺首度邁向 3D 的彎曲，流暢的線條弧度不只是更能貼合身形，從外觀來看，至今也仍是迷人不已，可說一舉數得。

Eames Elephant

另外，可愛的大象椅也不能錯過，當初就是為了他們的小孩所設計的。原型是木頭的材料，後來才推出了塑料的款式。至今，依舊頻繁的被設計師運用在兒童空間。他們同時還有近百件作品被各大博物館永久典藏，由此可知這對夫妻的存在，不僅對當時的環境背景有很大突破性的發展，至今仍對我們有很大的啟發。

有點遺憾的是，當初這些建築師們設計椅子的出發點，都是希望能讓大眾輕易獲得好看、實用又耐用的家具，但現在這些家具在市場上要價不菲，根本不是「大眾」能輕易擁有的家具。在 1950 ～ 1970 時期，被稱為家具的「黃金年代」所設計出來的家具，依然持續流傳著，甚至很難被超越，基本上現在的家具設計，都是從這些經典款獲得靈感。大家在咖啡店、餐廳中，80%％以上的家具，都是仿製那個時代的經典款式延伸。我們與大師們的距離比你想像的還近，他們的美學深深地浸潤我們，只是你不一定察覺到。

　　而我自己也很喜歡 Vitra 這個瑞士家具品牌，他們與全世界最頂尖的設計師合作，創立於 1950 年代，1957 年時便以製造與經銷在歐洲崛起，合作的眾多設計師終究包含了前面所提到的查爾斯夫婦。Vitra 旗下還有另一位知名的丹麥設計師 Verner Panton，他的作品我特別有共鳴，《Heart cone chair》每每看到都會令我嘴角不自覺上揚。

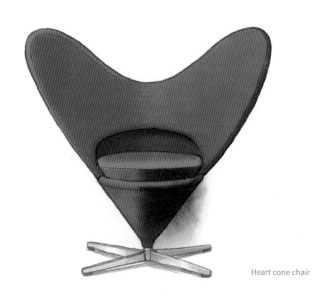

Heart cone chair

大家應該都曾經看過 Verner Panton 設計於 1960 年的名椅《Panton chair》，來頭也不小，它可是世界第一張首創一體成型的塑料懸背椅，流線的造型還有「最性感單椅」的稱號呢！我自己就收藏兩張放在新家，一大一小，與女兒配成一對。另外，也少不了收藏他於 1971 年所設計的潘朵拉燈，也是最受歡迎的系列之一。

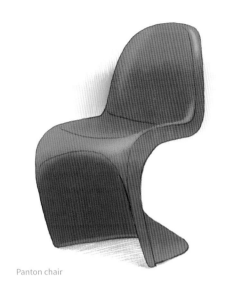

Panton chair

Pacific chair

而我第一件購入的 Vitra 家具，是一張設計於 2016 年的辦公椅，叫做《Pacific chair》太平洋椅，設計師是 Edward Barber & Jay Osgerby 這兩位近年展露頭角的設計新星，這張椅子從發想到誕生歷時四年，是蘋果電腦總部欽點的辦公椅。要知道蘋果電腦就是以講究實用兼具美感聞名，能被指定為萬名員工的辦公椅，無庸置疑是最高的認同。

所謂「復刻家具」的本意是什麼？

　　當大家開始為家裡挑選家具時，就會發現，很常聽到「復刻家具」，「復刻」一詞的本意，是指當年已絕版的款式，經由合法方式重新量產的家具，通常在材質上也會做一些新的變化或微調，以貼近當代的需求。而品質上，當然會以最高的規格去還原當年的經典，就像前面提到的大象椅，一開始是木頭材質，後來演變為塑料，顏色上也增加了更多選擇以跟上市場潮流。

　　講直白一點，最常被複製的，實際上就是前面所說 1950 ～ 1970 年代那些大師們的作品，以法律上來看，家具是「新式樣專利」，也就是過了專利期就可以合法複製，以及在原創者死後 25 年，該作品亦不再受此法律保護，是可以被「合法」複製的。唯獨不可以打上自家 LOGO 占為己有，說這是自己設計的，此外就不算違法、也不算盜版。

　　但一樣是複製，仍會建議大家認真比較品質。因為許多時候，如同衣服、包包、鞋子，只是單純依樣畫葫蘆，看似三分像，但如果工法粗製濫造，那麼買回家也只是降低自己的品味格調。而家具，是一個我們天天都會接觸到的物件，更需要擁有好的品質。

單純以消費者而言，如果沒有特別去了解一個商品背後的故事、原創是誰，不管是服裝、家具、生活用品，以現在這個資訊流通快速的世代，很容易就會買到仿冒品而不自知，連我自己也曾有過這樣的經驗。隨著消費能力的提升，開始接觸到更多領域的一線品牌以後，才赫然發現，原來很多東西都只是照著抄、再換個色、或隨意調整比例、變換材質，就當成自己的品牌販賣。這些概念都是對產業鏈深入了解後，才了解原來這個世界是這樣運作的，也更懂得原創商品的珍貴之處。

照片提供「集品文創」

02　善用經典混搭平價的
原創商品。

　　台灣什麼時候也能在各方面的設計領域，更能展露角呢？35歲前，我的消費習慣大概是：

家電　烤箱、抽油煙機、掃地機器人、除濕機、空氣清新機等。大概是一、兩萬之間。

家具　單價最高的是沙發，差不多五萬塊左右，是可以接受的落點。其餘邊桌、椅子、床頭櫃、抽屜櫃等小家具，大概也是落在三、五千。

　　但漸漸的，當我的經濟能力提升，客戶們的消費力也提升時，才意識到：台灣非常欠缺中價位的商品，更缺乏原創的品牌。以沙發來講，在台灣可以買到的就是兩大類：二十萬起跳的原裝進口，或介於三～五萬區間的。但有沒有八～十二萬之間，品質更好且具設計理念的本地品牌呢？極少。燈具不用說，選擇只有五隻手指內可以算完。

　　某天我與家具店的朋友聊到：「如果可以，我相信大家都會希望在能力範圍內，也買得到台灣原創的商品吧！只是這樣的選擇真的太

少了。」朋友說，「可負擔的原創設計」除了歐美之外，在大陸、東南亞國家也有自己的品牌，因為市場夠大，所以投入開發、製作的成本與時間，可以得到報酬，才有辦法持續經營。

在台灣，如果養了一個團隊專做自己設計的家具燈具，是非常容易餓死的。所以台灣真正原創設計的家具店、燈飾店寥寥無幾，對大眾來說，價位當然也會被認知為「很貴」，畢竟我們的環境，造就我們對價位的認知標準非常 M 型。

以我自己為例，從前一張餐椅五千元，就覺得很貴了。但看過三萬、五萬，甚至更高的價位以後，就會覺得五千元很合理。因為台灣的消費者，通常沒有太多的觀念去理解一個商品的誕生，過程需要經過多長的研發、打樣、改良。設計師會斤斤計較於那一公分、三公分的差距，對坐感的影響；或顏色的比例、濃淡可能排列過數十種以上的組合，只因美感往往是失之毫釐便差之千里。

你知道自己購買的是原創商品還是仿冒品嗎？

以前我很常買 IKEA，但後來驚覺 IKEA 很多的商品，都是極度類似他人的品牌，就像 ZARA 的衣服也常與大品牌有異曲同工之妙。隨著自身品牌越來越大，或是被搬上了新聞檯面，他們才開始正視這個問題，因此推出與知名設計師的聯名款，或是其他更尊重原創者的作法。

單純以消費者的角度會覺得：「只要五分之一或十分之一的價格，就可以買到樣式看起來很不錯的東西，很好。」又或是更多時候，消費者根本不知道原來他買的東西，是模仿某一個品牌的設計。

就像電影《穿著 PRADA 的惡魔》中提到：「你以為自己不在乎時尚，但你身上這件讓你穿起來臃腫、從大特價花車上搶購來的藍色毛衣，其實是某位設計師所推出一系列藍色蔚為風潮後，其他一線大牌搶先跟風，接著再從一路、一路往下，變成各大通路的平價成衣用色，最後你才有機會穿上了它，很諷刺吧！你還以為自己跟時尚無關、不屑時尚，其實你跟時尚不但有關，你還不知不覺的，讓自己位處最低的底層消費者。」

貧富差距是不會被改變的，能改變的只有你對這件事情的認知。除了少量的本土品牌，台灣也買得到一些相對可負擔的荷蘭或丹麥家居品牌。雖然稱不上「很便宜」，但已足夠讓我覺得鬆口氣，畢竟真喜歡的話，還是買得下手的。

即使不是富豪，但也想使用好物件，這是很自然的心態。至少大多數的情況下，沒有人會想花錢使用仿冒品。是不是可以有更多「大眾可

負擔」的品牌在台灣誕生，讓本土環境的美感能夠隨之提升呢？我深深期盼著。

當我試著了解更多，就發現儘管同為一線品牌，不論是珠寶、服裝、皮件，或是家具燈具，也都會出現互相抄襲的狀況，差別只在抄多抄少而已。但仔細思考，畢竟衣服再怎麼做，就是有既定的版型；桌子、櫃子、椅子再怎麼設計，它也一樣是那個模式，換湯不換藥。如果為了刻意「創新」，反而很容易做出讓人難以理解的東西，顯得譁眾取寵。隨著產品越來越多、越來越飽和的情況下，自然就會邁向這樣的窘境。

前面提到家具的黃金年代時，設計大師們在某種程度上也有著時代的紅利，因為剛好遇到很大的轉變期，從古典到現代，可以轉換的模式與材料，可塑性相對較廣。到現在 2000 年以後，似乎怎麼做都難以超越。或許這就是儘管到了 2022 年，我們還是在吹捧著幾十年前所設計的家具或燈具的原因，那些款式確實優雅雋永。

照片提供「集品文創」

當我看懂了整個關係的脈絡以後，也漸漸不再糾結，是否只能往「越買越貴」這條路去前進。而是應該培養出真正的鑒賞力，找出每一個真正有價值的單品。

　　有時「名牌」也會做出令人出乎意料的設計，或許是江郎才盡？或沒有新想法時就推出「聯名款」。聯名本身沒有錯，一開始的初衷也很棒，但若只是一再使用這種方式，讓消費者買單而沒有真正的新意或創造，就真的需要再深思。任何東西確實不是只要打上名牌Logo，就值得下手。如同我非常欣賞英國凱特王妃的穿衣品味，擅長混搭平價與高價的珠寶、服裝、鞋子和包包，她一出現，感受到的是渾然天成的協調與亮點。你會說：「她穿得『真美』，而不是她穿得『真貴』。」

03 平價到高價的混搭王道、運用亮點提升空間質感。

平價推薦品牌

Lagoon、Muji、HOOGA HOME、Aj2、居家先生、滿屋生活、品東西、Miix、Family35

　　一般小資族、租屋族，或當你預算大部分必須得花在硬體裝修上時，可以先從這些品牌來挑選家具，能夠減輕不少負擔，同時也一樣兼具美感和實用機能。

IKEA	最大的特色就是除了平價之外，不定期會推出全新的設計，可能每隔一、兩個月去逛逛就會發現有不同的商品。
無印良品	各種生活小物、收納的瓶罐、文具類品項特別多。收納容器大部分是白色系或透明的，有各種不同的尺寸和造型，不論是要收放衣物或保養品等，都相當方便。也因為是透明的，所以看起來一目了然，同樣尺寸的小盒子還可以互相堆疊，相當整齊。

品東西	風格比較屬於非主流設計，強調自然素材、手工質感。有許多南洋風、度假感的商品，可以巧妙和家具搭配。而許多抽屜櫃或五斗櫃，設計採仿舊、工業風與法式風情。此外，也有大量的油畫。風格比較強烈，顏色鮮豔，如果家中空間比較平淡，想增加視覺亮點 可以考慮購買品東西的油畫。
居家先生	品項很完整，從沙發、茶几、餐桌椅、床架、床頭櫃到書桌或化妝台，應有盡有，一站式買齊相當便利，目前居家設計的主流是北歐風，居家先生也有復古的北歐風家具，甚至還能找到偏美式鄉村風的沙發。

照片提供「居家先生」

復古老件推薦品牌

摩登波麗、散步舖、Danosh warehouse、NEODOXY 北歐觀點老件、RetroStudio shop、臣爵家具 VG living、唐青

　　如果你是偏愛經典款式、出自大師之作的人，就可以來逛逛這些二手老件家具店，這裡的家具店多半都是從歐洲搜集到的各種古董，但價格不會比新家具便宜。有些人就是獨鍾歲月感與使用痕跡，以及出生在原創設計師年代的那些批次，這樣的收藏家也是不在少數呢！但缺點是比較容易損壞，因為台灣的天氣潮濕，保存比較不容易，此外價格上也往往更昂貴。

其他特色推薦品牌

走走家具、有情門、DESKER、路力家具、STIMLIG、集品文創、MOT 明日聚落、WOW、森 CASA、A Lot Living、DUTCHHAVES、Crate&Barrel、NW Living、居雅堂、十刻、Mountain Living、夏馬城市生活、晴天家居

其他特色品牌推薦，有台灣本地、歐美、日本或韓國等，價位屬於中高路線，假如預算充足或分配上更傾向用在軟裝大於硬裝的情況下，就可以考慮從這邊下手，也很推薦從這裡推薦的品牌再混搭平價的款式，呈現出自己專屬的審美與選物精神。

走走家具　　原創的工藝家具，板材由歐洲進口，既扎實又耐用。推薦給喜歡簡約自然風的人。有許多收納類的層架，床架和沙發都是模組化，可以依照你的空間和使用成員增加去做延伸。輕鬆組裝，搬家時又可以拆開，需要時可再添購收納箱。

集品文創　　主要是北歐設計，以丹麥和瑞典品牌為主。如果覺得沙發等大型家具太昂貴，也可以先從周邊的小物件，像是園藝或廚房用品等開始購買，慢慢讓北歐元素的家飾品進入生活。這間店的整體氣氛相當舒適、輕鬆，有空時可以多去走走逛逛，也許會從中獲得一些布置的靈感。

照片提供「集品文創」

照片提供「集品文創」

有情門　　　　如果你喜歡實木家具，但又希望色彩可以再更繽紛亮麗
　　　　　　　　一點，不妨選擇有情門。他們的家具以實木為基礎，搭
　　　　　　　　配各式各樣不同的布料，讓空間增加更多不同的表情。
　　　　　　　　也有販售一些趣味性的小家具，顛覆我們對實木家具中
　　　　　　　　規中矩的印象。

推薦家飾品牌

瑪黑家居、POLS POTTEN、Bloomingville、良事設計、柒木、HG+ Begin、樂闊、樂盒 La boite

　　大型家具選好以後，家飾品、生活用品也是非常畫龍點睛的關鍵，藉由時鐘、抱枕、水杯、地毯、燈具或更多的細節去妝點空間，才能有相得益彰的效果。

haoshi 良事設計

最經典的是時鐘和燈飾。辨識度相當高，顛覆一般對於時鐘的傳統樣貌，時鐘不只有圓形，甚至有動物造型，使用動物雕塑附在牆上的掛鐘已成為 haoshi 的標誌性設計。所有作品的動物細節是都透過工匠之手表現出來的。看著牆上正在飛行的候鳥，每一幅作品都讓人沉浸在大自然中，美得像是一件小藝術品。不論掛在餐桌區還是沙發背牆，都有非常棒的畫龍點睛效果。色調主要以白色系為主，適合任一種風格，非常好搭配，白色質感更好、也更加耐看。

照片提供「haoshi 良事設計」

瑪黑家居　　如果你對居家美感生活有興趣，應該都曾聽過這個品牌。網羅了全世界各地的特色品牌，從燈具、家具、家飾品甚至到洗衣精或洗碗精，只要是與生活美感有關的商品，都可以在這邊都找到。如果對居家布置有興趣，更是不能錯過。我曾購買過花器類商品，它們的花器有可愛風、質樸風，當我想要增加一些新靈感時，很常會去瑪黑逛逛。

推薦香氛品牌

香氛：繆香、NAMUA 那木瓦、美國 P.F. Candles CO.、瑞典 Vana Candles、美國 voluspa

香氛道具：Neom 香氛機、Toast 香氛機、userwats-light 實木可麗露融蠟燈

　　香氛是讓空間完整不可或缺的一環，五感體驗必須面面俱到，氣味可以放鬆我們的情緒，或提振工作的心情，以上有台灣與來自世界各地的品牌可以參考。平時我自己也有使用香氛的習慣，偏愛果香類，尤其是柑橘類，例如葡萄柚的香氣會讓人心情愉悅，充滿正能量。工作時我會使用這個味道，可以有效提振心情。如果今天想要當成禮物送人，果香調也是比較不容易出錯、大眾比較容易接受的氣味。不論是哪種氣味，香氛類的商品還是建議大家直接到櫃上試聞看看，因為不同品牌的氣味，還是會略有差異。

照片提供「繆香」

推薦吊扇品牌

肯氏吊扇、海森吊扇

　　我本身是吊扇控，非常推薦這兩個品牌，大家對吊扇的印象可能還停在很笨重、很俗氣，但發展至今，現在許多吊扇設計是非常簡約優雅的，不僅可以取代吊燈作為視覺焦點，對於夏天時的冷房效果也有很大的加分！

更多獨家推薦品牌

兒童家具傢飾
OYOY、iloom

設計感生活用品
Unipapa、林果室內拖鞋、moosy life 目喜生活、質物圖鑑、湯舒皮

杯盤器皿
nest 巢・家居、JIA Inc. 品家家品、WUZ 屋子、WAGA

寢具
Fiat Lux 光合作社 家居、HOLA 雅緻天絲系列、ZARA HOME

掛畫
nuphoto 拍立洗無框畫、THE POSTER CLUB

原裝品牌燈具
LightPlus、THC、OSTI、普霖精品

經典燈具品牌
GUBI、moooi、normann Copenhagen

購物網站
AMARA、樂盒 La boite、Pinkoi、Urban outfitters

04 如何鍛鍊自己的鑑賞力？

　　美是主觀的，所以想和大家討論的不是「何為美」、「何為醜」？而是當一個畫面呈現在眼前，為何你會「感到美」或「感到醜」。當你能具體分析出「為何美」、「為何醜」時，就能更輕易的去創造出，對你來說賞心悅目的畫面，或避免讓你感到俗不可耐的場景。

美的鍛鍊，就從練習讓畫面更協調開始

　　我有一套鍛鍊自己的方式，會有這樣的練習，也是無心插柳。單純是從小就有翻閱居家雜誌的習慣，經常會針對「讓我感到屏息絕美」或是讓我感到「俗不可耐」的畫面，在心中做評比。

　　思考「為什麼這個畫面讓我如此心動，它是如何辦到的？」或是當我看到一個畫面時，也會想「換成是我會怎麼擺、怎麼配呢？」也因為這樣自問自答的「小遊戲」，才發現自己對色彩與材質很有熱情，像心中有一個天秤，會將畫面調整為自己認為協調、平衡的樣子。一直到現在，我都還是會這樣在心中鑑賞眼前的畫面，對我來說「是美、還是醜」，「為何美、為何醜」。

這件事如果能具體化，你的邏輯思緒就會越清晰。做選擇與判斷時，會越來越精準、也越來越能快速達到你想要的畫面。多數人有可能覺得眼前的畫面不好看，但卻挑不出「是哪一個點讓自己不順眼」，因此改變不了眼前不喜歡的景象。於是，必須藉由不斷的練習，才能更輕易信手捻來就發展出自己的風格、展現出屬於你心儀的美感。

有意識的生活著、進化著

現代人所擁有的東西，普遍都是過量，不論是生活用品、衣物或食物，甚至是包含接受的資訊、情緒和壓力皆是如此。

我曾經看過一部電影，具體內容記的不是很清楚，但其中一個場景令我印象深刻。劇中一位農夫或是僧侶，他每天所用到的東西，都清清楚楚，每個物件基本上只有一個，並且都有具體歸位的地方。出門前會帶著一頂帽子，而外套也是相同款式，打理日常清潔的用品、吃飯用的器皿，都是固定的。我心中想著：「這樣的生活真是規律又簡單，其實挺不錯的。」

我不算是非常自律的人，但也不是購物狂，但環顧四周，確實也屬於會被列為「擁有過多物件」的類型。唇膏就有超過十條、耳環也擁有三十副以上、杯子也是我很喜歡購買的東西。而我老公光是放在漱口杯裡的牙刷，就有超過三支以上，到底有多少牙齒要刷？以及他早年有收集 DVD 的習慣，擺了滿滿一整櫃之外，還需要租倉庫收納。

大家反思一下，自己的鞋子是否隨便數都超過七雙以上？女生最愛買各種不同的護手霜，方便隨時都能拿來擦；包包清點一下都超過

五條以上；更別說是香水、保養品等，應該都有過期了卻還用不完的經驗吧？

如同所謂的「快時尚」，平價的流行衣物不管是在實體商店或網路商城都非常容易購買，手指一滑商品就送到家裡，因為價格不高所以品質不好，穿了一、兩次就不想穿。不只是服裝，各種商品都是，因為網路的普及與資訊流通，讓商機不斷爆發。大家受到這樣環境的刺激之下，或多或少有過不小心就買了一堆東西、總是不斷地在收包裹，常常簽收的時候還問自己「咦？我又買了什麼」？

當你經歷過這樣的瘋狂後，就會開始體驗到一些惡性循環。所以，現在的團購大家都比較不會失心瘋的跟，看到各種折扣、週年慶的噱頭，也都更理性面對，因為你知道這次不買，商家還是會推出新的名目來促銷，過了雙十一還有雙十二，白色情人節沒買到沒關係，還有七夕可以補。理性消費不容易，誤踩雷區亦是一條必經之路，不需要太自責或覺得自己太迷戀於物質的世界。

但大家是否想過，為什麼法國女人，尤其是巴黎女人的穿搭與生活態度，總是會被當作時尚標竿？為什麼所有的穿搭聖經，都將巴黎女人視為最高指導原則？而她們卻淡淡的說：「我們不喜歡過度妝點，看起來太隆重的樣子。」甚至因此有一句專門形容這種態度的說法：「**Effortless chic.**」也就是毫不費力的時髦。

她們是真的不在意嗎？真的是頭髮剛睡醒就看起來那麼迷人？別忘了 17、18 世紀最愛在凡爾賽宮開派對的那些貴族們，高聳的髮髻跟三層蛋糕一樣浮誇、臉上的妝彷彿怕別人看不到般把腮紅撲了八次以上，還有那些蓬蓬裙、羽毛扇，連男人都穿絲襪、戴假髮，踩著高跟鞋，披著華貴的皮草。正因為他們曾經絢爛過，對於美的啟蒙很

早，才說「富過三代才懂吃穿」，便是這個道理。為什麼有人說越有錢的人越低調、穿著越樸實？是他們都已經體驗過，**認為不需要彰顯什麼，彰顯多了就顯得庸俗**，所以並非真的超脫，而是已晉升到真正的品味人士，懂得什麼是高品質的東西，默默使用即可，不需要靠大LOGO 昭告天下。

回歸到我們身上，都是在經歷這個培養品味的過程。以前的資訊不流通、物資缺乏時，想挑一個好看的面紙盒都不知道該去哪裡找？但現在，輕鬆的滑一下手機就會推波一大堆款式給你，從 390 元到 3900 元都買得到。所以我們也是資訊時代下的暴發戶，必須透過時間的沉澱，讓我們更懂得辨識什麼才是真正值得下手的好物，哪些東西是「繳了智商稅」，以後別再隨意購買。

微・裝・潢

軟裝師不藏私的改造心法，
從預算、動線規劃到風格建立，及選物哲學

作　　者｜李佩芳 Carol Li

責任編輯｜楊玲宜 Erin Yang
責任行銷｜袁筱婷 Sirius Yuan
封面裝幀｜李涵硯 Han Yen Li
插　　畫｜李涵硯 Han Yen Li
　　　　　齋齋 Zai
版面構成｜張語辰 Chang Chen
校　　對｜許芳菁 Carolyn Hsu

發 行 人｜林隆奮 Frank Lin
社　　長｜蘇國林 Green Su

總 編 輯｜葉怡慧 Carol Yeh
主　　編｜鄭世佳 Josephine Cheng
業務處長｜吳宗庭 Tim Wu
業務主任｜蘇倍生 Benson Su
業務專員｜鍾依娟 Irina Chung
業務秘書｜陳曉琪 Angel Chen
　　　　　莊皓雯 Gia Chuang
行銷主任｜朱韻淑 Vina Ju

發行公司｜精誠資訊股份有限公司
　　　　　悅知文化
地　　址｜105台北市松山區復興北路99號12樓
專　　線｜(02) 2719-8811
傳　　真｜(02) 2719-7980
網　　址｜http://www.delightpress.com.tw
客服信箱｜cs@delightpress.com.tw
ISBN：978-986-510-250-0
初版一刷｜2022年12月　　二刷｜2024年04月
建議售價｜新台幣520元

國家圖書館出版品預行編目資料

微裝潢：軟裝師不藏私的改造心法，從預算、
動線規劃到風格建立，及選物哲學／李佩芳
Carol Li著. -- 初版. -- 臺北市：精誠資訊股
份有限公司, 2022.12
　面；　公分
ISBN　978-986-510-250-0(平裝)
1.CST: 家庭佈置 2.CST:室內設計 3.CST:空
間設計

422.5　　　　　　　　　　　111017460

線上讀者問卷 TAKE OUR ONLINE READER SURVEY

裝潢不只是美化，
而是建立生活方式。

———————《微裝潢》

請拿出手機掃描以下QRcode或輸入
以下網址，即可連結讀者問卷。
關於這本書的任何閱讀心得或建議，
歡迎與我們分享　　：）

https://bit.ly/3ioQ55B

interior stylist